주머니 속 건강백과
버섯요리
특선

100세 건강 대표 요리
버섯요리 특선

초판인쇄　2016년 4월 22일
초판발행　2016년 4월 29일

지 은 이 ㅣ 한춘섭·심기현·박기문
펴 낸 이 ㅣ 고명흠
펴 낸 곳 ㅣ 푸른행복

출판등록 ㅣ 2010년 1월 22일 제312-2010-000007호
주　　　소 ㅣ 경기도 고양시 덕양구 통일로 140(동산동)
　　　　　　삼송테크노밸리 B동 329호
전　　　화 ㅣ (02)3216-8401 / FAX (02)3216-8404
이 메 일 ㅣ munyei21@hanmail.net
홈페이지 ㅣ www.munyei.com

ISBN　979-11-5637-040-6 (13590)

100세 건강 대표 요리

버섯요리 특선

한춘섭 · 심기현 · 박기문

푸른행복

　버섯은 자연계에서 동물도 식물도 아닌 미생물류에 속하지만 또 한편으로 채소류와 같이 무기질이 풍부하고 육류와 같이 단백질이 적절히 포함되어 있으면서 열량도 낮아서 흔히 '만능식품'으로 불리고 있습니다. 또한 현대인의 식탁에 채소처럼 자주 이용되고 식용과 약용으로서의 효능을 동시에 발휘함으로써 웰빙 트렌드의 현대인들에게 특히 유용하다고 할 것입니다.

　대부분의 식용 및 약용버섯에는 항종양과 면역조절 물질이 함유되어 있으며, 이 밖에도 노화 억제, 신체리듬 조절, 질병 예방과 회복을 돕는 성분이 함유되어 성인병 예방과 항암작용 등에서 탁월한 효능을 인정받고 있습니다.

　이 책은 식용버섯으로 널리 이용되고 있는 팽이, 느타리, 표고, 새송이, 양송이, 목이, 만가닥버섯(느티만가닥버섯), 참송이, 노루궁뎅이, 잎새버섯, 머쉬마루에 대하여 건강기능성 작용과 특징, 버섯별 조리법과 함께 버섯 손질법 등을 담고 있습니다.

　버섯별 요리로는 기본 한식 조리법을 바탕으로 하여 버섯을 재료로 써서 만들어 먹을 수 있는 대표 요리들과 서양식 조리법을 응용한 퓨전 요리법이 소개되었습니다. 국, 탕, 찌개류와 나물, 무침, 구이, 찜, 볶음, 전과 같은 반찬을 비롯하여 밥, 죽, 면류, 장아찌, 수프, 샐러드, 튀김 등을 소개하였는데, 화보 사진과 함께 재료 및 조리 과정을 상세하게 담아 맛도 좋고 영양도 우수한 버섯을 다양한 방식으로 식탁 위에 올릴 수 있도록 하였습니다.

또한 버섯별로 기능성 및 효능에 관한 특허 자료를 수록함으로써
식탁에 올리는 버섯요리가 가족의 건강에 어떤 이로움을 주는지 실
증 자료를 토대로 하여 구체적으로 설명해 놓았습니다.

이 책을 통해 맛도 좋고 효능도 만점인 버섯요리가 일반 독자들에
게 널리 알려지고 다양하게 활용됨으로써 식탁이 풍요로워지고 가족
의 건강 증진에도 도움이 되기를 바랍니다.

지은이 씀

목 차

Part 01 팽이

Part 02 느타리

버섯이란

지구상의 생물은 동물계, 식물계, 균계, 원생생물계, 원핵생물계의 5가지로 나눌 수 있다. 이중 균계에 속하는 생물로서 번식기관인 자실체를 눈으로 보고 손으로 만질 수 있을 만큼 크게 형성하는 무리를 버섯이라 한다.

버섯은 식물의 뿌리, 줄기, 잎에 해당하는 영양기관인 균사체와 식물의 꽃에 해당하는 영양기관인 자실체로 구성된다.

전 세계적으로 버섯은 그 종류만 약 30만 종이 존재하는 것으로 알려져 있으며, 그중 약 1만 5천여 종이 발견되어 알려져 있다.

국내에는 1천 5백여 종이 자생하며, 그중 식용 가능한 버섯은 350여 종, 독버섯은 90여 종으로 알려져 있다.

식용버섯 중 대부분은 야생버섯이며 상업적으로 재배되는 버섯은 30여 종에 불과하다.

버섯의 명칭

우리가 잘 아는 몇몇 버섯의 명칭을 살펴보면, 느타리속에는 세계적으로 40여 종 이상이 보고되었고, 한국에서 연구된 종은 느타리종, 노랑느타리종, 사철느타리종, 여름느타리종, 산느타리종, 분홍느타리종, 맛느타리종, 큰느타리종, 전복느타리종 등이다. 느타리의 품종에는 원형느타리, 월형느타리 2호, 애느타리, 여름느타리 2호, 농기 201호, 청, 진미 등이 있다. 이들을 통틀어 모두 느타리류라 부른다.

상황버섯이라는 명칭은 상품명이며 학술적으로는 진흙버섯속(Genus Phellinus)의 목질진 흙버섯(*Phellinus linteus*)과 같이 상황버섯이라는 상품으로 유통되는 버섯의 자실체를 말한다.

영지는 불로초버섯속의 버섯으로 불로초(*Ganoderma lucidum*)와 쓰가불로초(*G. tsugae*)등이 있으며 일반적으로 영지라고 부른다.

동충하초도 마찬가지이다. 동충하초는 세계적으토 약 350여 종이 알려져 있으며, 우리나라에서도 15종이 보고되었다(성, 1998). 양송이도 양송이종이든 여름양송이종이든 시중에서는 양송이라고 부른다.

버섯의 성분 및 생리활성

① 버섯의 성분

대부분의 식용 및 약용버섯들이 항종양과 면역조절물질을 함께 가지고 있으며 그중 중요한 다당류 성분에는 글루칸(Glucans)과 글리칸(Glycans)이 있다.

글루칸에는 α−(1−3)−glucan, β−(1−6)−glucan 등이 있다.

품목	주요성분
표고	구아닐산, 레티나신, 에리타데닌, 단백질, 베타 글루칸, 5′ANP, 5″−GMP
느타리	비타민 B_2, 니아신(비타민 B_3), 비타민 D
새송이	비타민 B_6, 비타민 C
양송이	비타민 D, 비타민 B_2, 타이로시나제, 엽산, 렌티나신, 5′ANP, 5″−GMP, 감마−GMP
팽이	각종 아미노산, 비타민, 볼바톡신, 후람톡신
만가닥버섯	당질, 아미노산(글루탐산 등), 리놀렌산, 말산
버들송이	아미노산, 비타민 B_2, 비타민 D, 비타민 C, 미네랄(칼륨, 인)
목이	식이섬유, 비타민 D, 엽산, 베타 글루칸

② 버섯의 생리활성

효능	표고	느타리	산 느타리	노랑 느타리	양송이	팽이	만가닥 버섯	목이	버들 송이	노루 궁뎅이	잎새 버섯	영지	동충 하초
1 항균	●		●			●			●		●		
2 항염증	●			●		●				●		●	
3 항종양(항암)	●	●	●	●	●	●	●	●	●	●	●	●	●
4 항바이러스	●	●				●					●	●	●
5 항세균	●	●		●		●				●	●		●
6 혈압조절	●	●						●			●	●	●
7 심장혈관장애 방지		●						●				●	●
8 콜레스테롤 감소	●	●	●					●	●			●	●
9 항당뇨	●										●		
10 면역조절	●			●	●	●					●	●	●
11 신장 강화	●			●	●							●	●
12 간장 독성 보호	●										●	●	
13 신경섬유 활성화		●							●	●		●	●
14 생식력 증진	●												●
15 만성기관지염 방지								●			●	●	
16 항산화												●	●
17 스트레스 감소	●										●	●	●
18 혈당 조절	●										●	●	●
19 폐·호흡 강화											●	●	●

Wasser & Weis 1999, 버섯과학과 산업동향 2005 등

신선한 버섯 고르기

1 팽이

- 갓이 우산형으로 형태가 고른 것
- 갓의 수분이 적고 미끈거림이 없는 것
- 대의 형태가 짓눌리지 않고 버섯 밑동에 흰 곰팡이가 없는 것
- 다발성이므로 버섯 밑동이 치밀한 것
- 반진공 포장이나 진공이 안 된 것일수록 조리 세팅 시 모양이 좋고 쫄깃하다.

2 병느타리

- 갓 표면에 윤기가 있고, 갓 두께가 두툼하고 색택이 짙은 것
- 대의 색택이 맑으며 탄력이 있는 것
- 다발성이므로 버섯 밑동이 서로 붙어 조직이 단단한 것

- 버섯에 갈변현상(갈색 점, 미끈거림)이 없는 것
- 갓 주변에 포자(흰색 가루)가 묻지 않은 것

3 표고

- 크기가 균일하며 두께가 두툼한 것
- 갓이 약간 오므라든 것
- 탄력이 좋고 이물질이 없는 것
- 갓에 탄력이 있고 습기가 적은 것
- 주름살이 갈색으로 변하거나 표면이 쭈글쭈글한 것은 조리 후 흐물거린다.
- 밑동이 둥글거나 칼자국이 있으며 대의 길이가 유난히 긴 것은 톱밥 재배 버섯의 특징이다.

4 말린 표고

- 표고는 갓의 퍼짐이나 균열 등에 따라 화고, 동고, 향고, 향신으로 나뉜다.
- 갓이 반구형으로 모양이 균일한 것
- 갓의 두께가 두꺼우며 크기가 균일한 것
- 갓 뒷면은 우윳빛 색택을 띠는 것

5 새송이

- 갓 모양이 고르고 두툼하며 갓 주름이 촘촘하여 형태가 고른 것
- 대의 색택이 맑으며 탄력이 있는 것
- 갓과 대에 포자(흰색 가루)가 없는 것
- 버섯에 갈색 점이나 미끈거림이 없는 것
- 버섯의 크기가 작을수록 조직감이 치밀하여 조리 후에도 식감이 쫄깃하다.

6 양송이

- 버섯갓과 대 사이의 피막이 떨어지지 않은 것
- 육질이 단단하고 탄력이 있으며 품종 고유색이 선명한 것
- 갓이 변색되거나 이물질이 없는 것
- 갓의 주름이 짙은 갈색으로 변하거나 갓이 얇은 것은 조리 후 흐물거린다.

7 말린 목이

- 색택이 검고 맑은 것
- 밑동에 이물질이 없고 잡티가 없는 것
- 잘게 부서지지 않고 제 모양을 갖춘 것

팽이(팽나무버섯)는 야생의 팽나무버섯을 개량하여 농가에서 인공재배한 것이다. 야생의 팽이는 황갈색이고 갓의 지름이 2~3㎝이지만, 재배된 팽이는 흰색으로 갓이 작고 대가 길어 콩나물형이다.

활엽수 톱밥을 이용한 병재배법이 개발되었으며 국내에서 보편화되어 각종 요리에 이용된다. 맛과 색깔이 좋아 일본, 미국 등지에서도 인기가 있다.

팽이는 탄수화물, 아미노산, 비타민 B군, 칼슘, 인, 철, 나트륨, 칼륨 등이 포함되어 항균 및 혈압조절 작용도 하는 것으로 알려져 있다.

팽이

학 명	*Flammulina velutipes* (Curt. ex Fr.) Sing
분 류	주름버섯목 송이과 팽나무버섯속
분 포	한국, 동아시아, 중국, 유럽, 아프리카, 북미, 호주
서 식	늦가을부터 이듬해 봄까지 자라며 눈이 쌓인 차가운 날씨에도 발생하는 내한성 버섯. 감나무, 뽕나무, 아까시나무, 포플러 등 활엽수의 고목 또는 그 루터기에서 자생

팽이 손질법

팽이의 싱싱함을 눈으로 즐기려면 진공보다는 무진공 포장이나 반진공 포장을 구입한다.

버섯 밑동을 톱밥만 칼로 짧게 잘라 모두 사용한다.

싱싱한 버섯을 흐르는 물에 살짝 씻은 뒤 물기를 제거한다.

팽이 보관법

구입 시의 포장상태 그대로 김치냉장고에 5℃로 보관한다.

냉장보관 시 톱밥을 제거하지 말고 그대로 보관한다.

포장 비닐을 제거했을 때는 버섯을 랩으로 포장하여 냉장고에 보관한다.

버섯이 미끈거리거나 톱밥 부분에 변색이 완연하면 버린다.

팽이버섯얼큰탕반

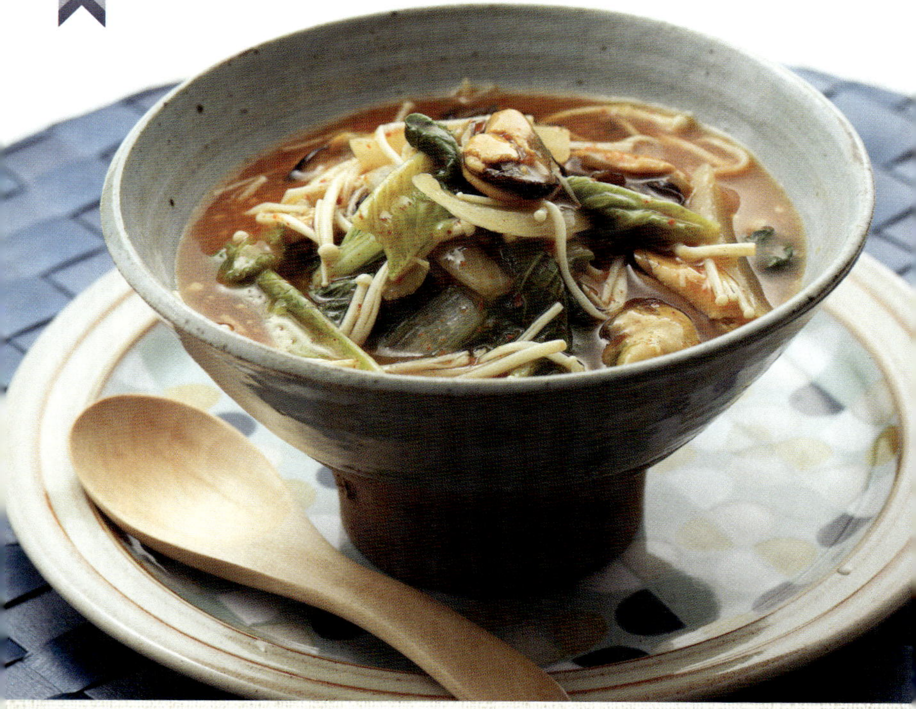

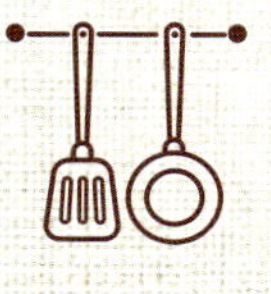

1인분

총열량 333kcal

총가열시간 50분

총조리시간 70분

주요요리도구 냄비

팽이

재료 얼갈이배추 30g, 팽이 30g, 홍합살 20g, 양파 20g, 대파 5g,
불린 목이 2g, 고추기름 5mL, 소금 1g, 밥 180g

국물 재료 멸치다시마국물 400mL(물 450mL, 맛술 20mL, 다시멸치 10g,
다시마 2g), 고춧가루 5g, 물녹말 5mL(녹말가루 3.5g, 물 5mL),
다진 마늘 3g, 국간장 3mL

—

만드는 법

1 팽이는 밑동을 자른 후에 물에 깨끗이 씻는다.

2 얼갈이배추는 깨끗이 씻어 끓는 물에 소금을 넣고 데친 다음 2~3등분한다.

3 홍합살은 옅은 소금물에 흔들어 씻어 체에 밭쳐 물기를 뺀다.

4 양파는 굵게 채 썬다.

5 불린 목이는 한입 크기로 뜯어 놓는다.

6 대파는 어슷 썬다.

7 냄비에 고추기름을 두르고 마늘을 넣어 볶다가 향이 나면 홍합살과 얼
갈이배추, 양파를 넣고 볶다가 멸치다시마국물을 붓고 끓인다.

8 국물이 끓으면 고춧가루와 국간장으로 간을 맞춘 다음 물녹말을 조금씩
넣어가면서 저어준다. 국물이 약간 걸쭉해지면 팽이, 목이, 파를 넣고 잠
깐 끓인 후에 불을 끈다.

9 그릇에 따뜻한 밥을 담고 8의 국물을 부어 낸다.

새우젓팽이버섯북어국

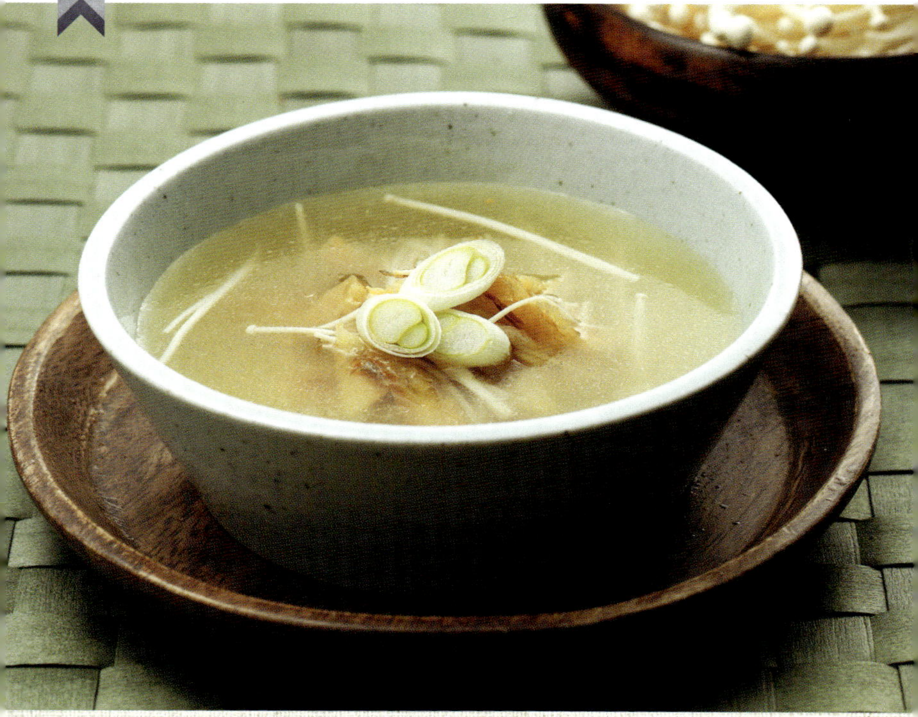

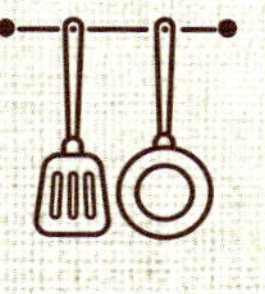

팽이

	1인분
총열량	110kcal
총가열시간	40분
총조리시간	60분
주요요리도구	냄비

재료 북어채(물에 불린 것) 25g, 팽이 15g, 대파 2g, 다진 마늘 1.5g,
멸치다시마국물 250mL(물 200mL, 맛술 15mL, 다시멸치 5g 다시마 1g),
국간장 2.5mL, 참기름 3.8g, 새우젓 1g

—

만드는 법

1 북어채를 물에 잠시 불렸다가 물기를 꼭 짠다.

2 팽이는 밑동을 잘라 내고 깨끗이 씻는다.

3 대파는 어슷 썬다.

4 냄비에 물, 다시멸치, 다시마를 넣고 20분 정도 끓인 후에 맛술을 넣고
불을 끈다. 고운체에 국물을 거른다.

5 달군 냄비에 참기름을 두르고 북어채를 볶다가 멸치다시마국물을 붓고
한소끔 끓으면 다진 마늘과 국간장을 넣고 약한 불에서 15분 정도 끓인다.

6 5에 대파와 팽이를 넣고 잠시 더 끓인 후에 새우젓으로 간을 맞추고 불
을 끈다.

연두부황금팽이된장국

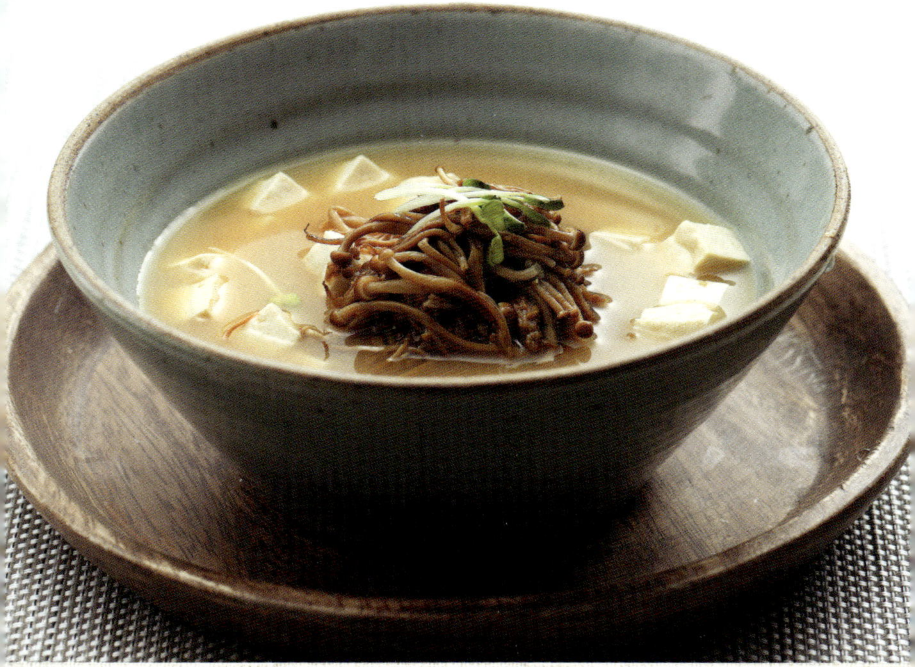

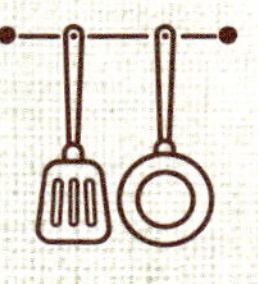

1인분

총열량 46kcal

총가열시간 25분

총조리시간 40분

주요요리도구 냄비

팽이

재료 연두부 50g, 황금팽이 30g, 무순 5g, 된장 5.5g,
멸치국물 250mL(다시멸치 7g, 물 300mL)

—

만드는 법

1 다시멸치는 내장을 빼고 끓는 물에 넣어 8~10분 정도 끓여 체에 밭쳐 국물을 만든다.

2 황금팽이는 밑동을 잘라 내고 깨끗이 씻어 체어 밭쳐 물기를 뺀다.

3 연두부는 사방 1㎝ 크기로 썬다.

4 멸치국물에 된장을 풀어 넣고 끓이다가 국물이 한소끔 끓어오르면 황금팽이와 연두부를 넣고 잠깐 끓인다.

5 국이 완성되면 그릇에 담고 무순을 올려 낸다.

멸치국물은 내장을 빼고 끓여야 비린내와 쓴맛이 나지 않고 맛있다. 연두부는 오래 끓이면 스펀지처럼 구멍이 날 수 있어 살짝 끓인다.

팽이버섯볶음

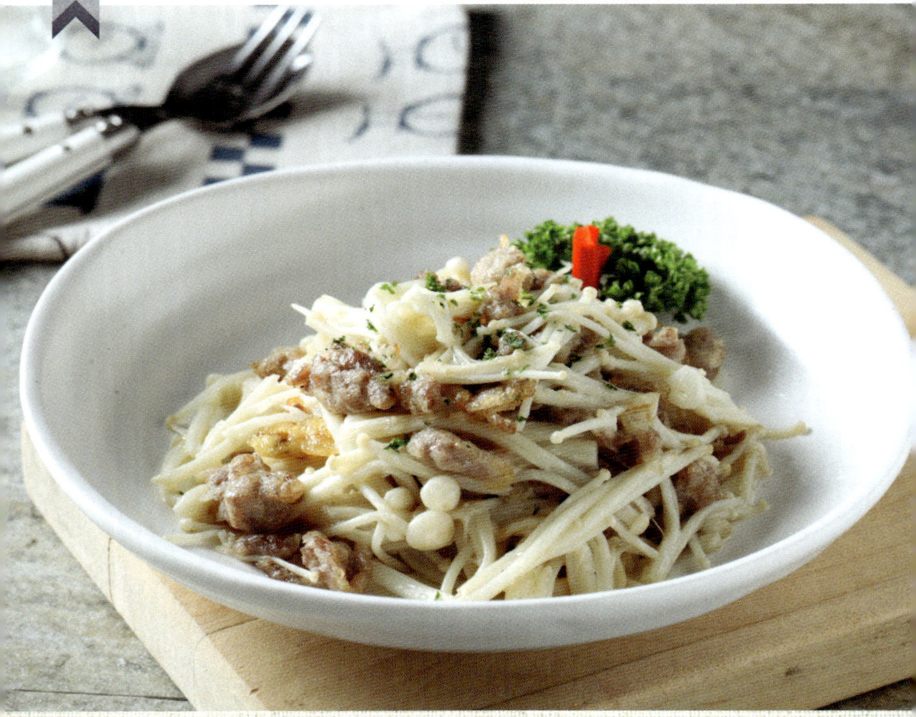

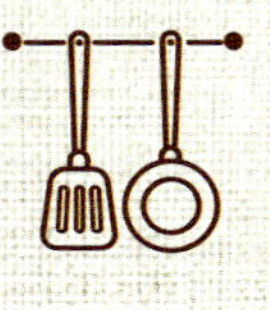

1인분

총열량 111kcal

총가열시간 15분

총조리시간 30분

주요요리도구 프라이팬

팽이

재료 팽이 35g, 돼지 살코기 25g, 달걀 흰자 4g, 물녹말 1mL,
식용유(튀김용) 67mL, 식용유(볶음용) 2.7mL, 소금 0.8g, 청주 2.7mL,
물 2.7mL, 참기름 0.9mL

만드는 법

1 팽이는 밑동을 잘라 내고 깨끗이 씻은 다음 약간의 소금을 뿌린다.

2 돼지고기는 5㎝로 가늘게 채 썰어 소금과 후추로 밑간을 한다.

3 **2**에 달걀 흰자와 물녹말을 넣고 잘 섞은 뒤 판에 튀김기름을 넣고 100℃에서 살짝 익혀 내 거름망에 건져 기름을 뺀다.

4 팬에 식용유를 둘러 달군 후 팽이를 넣고 볶다가 청주, 물, **3**의 돼지고기, 참기름 순으로 넣어서 볶는다.

황금팽이오이볶음

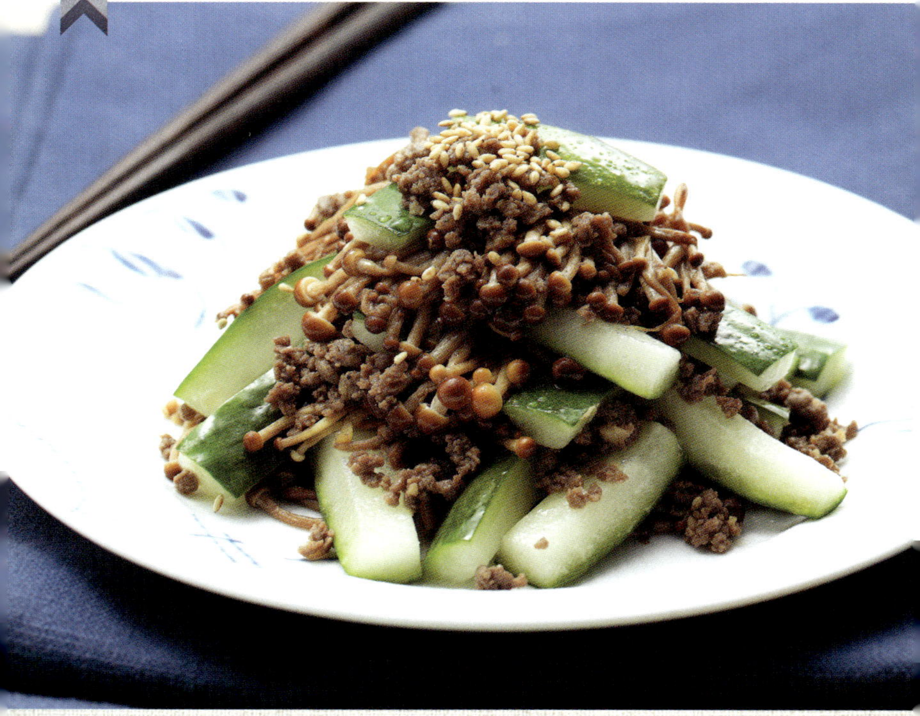

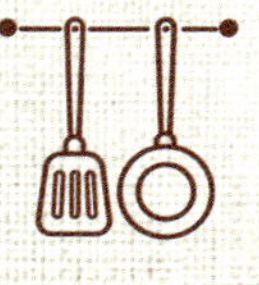

1인분

총열량 88kcal

총가열시간 15분

총조리시간 50분

주요요리도구 프라이팬

팽이

재료 오이 50g, 황금팽이 30g, 다진 쇠고기 15g, 참기름 3.5mL, 통깨 2g

소금물 물 70mL, 소금 2.5g

쇠고기 양념 간장 3.5mL, 설탕 1.5g, 다진 마늘 1.5c, 참기름 0.5mL,
후춧가루 0.1g

—

만드는 법

1 오이는 4㎝ 길이로 잘라 8등분하고 씨를 도려내어 소금물에 담가 30분
간 절인 후에 건져 면보에 싸서 물기를 제거한다.

2 다진 쇠고기는 쇠고기 양념에 30분간 재워둔다.

3 황금팽이는 밑동을 잘라 낸 후에 깨끗이 씻어 체에 밭쳐 물기를 제거
한다.

4 달군 팬에 참기름을 두르고 오이를 센 불에서 재빨리 볶아 낸다.

5 센 불에 황금팽이와 쇠고기를 볶은 후에 오이를 합하여 잘 섞어준 다음
통깨를 뿌려 마무리한다.

오이는 절인 후 물기를 완전히 제거하고 팬에서 빨리 볶아 내야 아삭거리는
질감과 푸른색을 살릴 수 있다.

팽이버섯잡채

1인분

총열량　137kcal

총가열시간　25분

총조리시간　60분

주요요리도구　프라이팬

팽이

재료 팽이 35g, 목이(불린 것) 7g, 양파 14g, 당근 7g, 부추 7g,
풋고추 3.5g, 홍고추 2.1g, 식용유 7.3mL, 간장 2.7mL, 다진 마늘 2g,
참기름 2mL, 통깨 2g, 소금 1.3g, 후추 0.3g

만드는 법

1 팽이는 밑동을 자르고 깨끗이 씻어 물기를 빼고, 목이는 한 잎씩 뜯어 끓는 물에 데친다.

2 부추는 깨끗이 씻어 5㎝ 길이로 썰고, 양파와 당근도 같은 길이로 채 썬다.

3 풋고추와 홍고추는 씨를 제거해 부추와 같은 길이로 곱게 채 썬다.

4 팬에 식용유를 두르고 버섯과 채소를 센 불에서 각각 볶아 넓은 팬에 펼쳐 식힌다.

5 볶은 재료를 섞어 양념을 넣고 버무려 접시에 담고 깨소금을 뿌린다.

팽이버섯명란무침

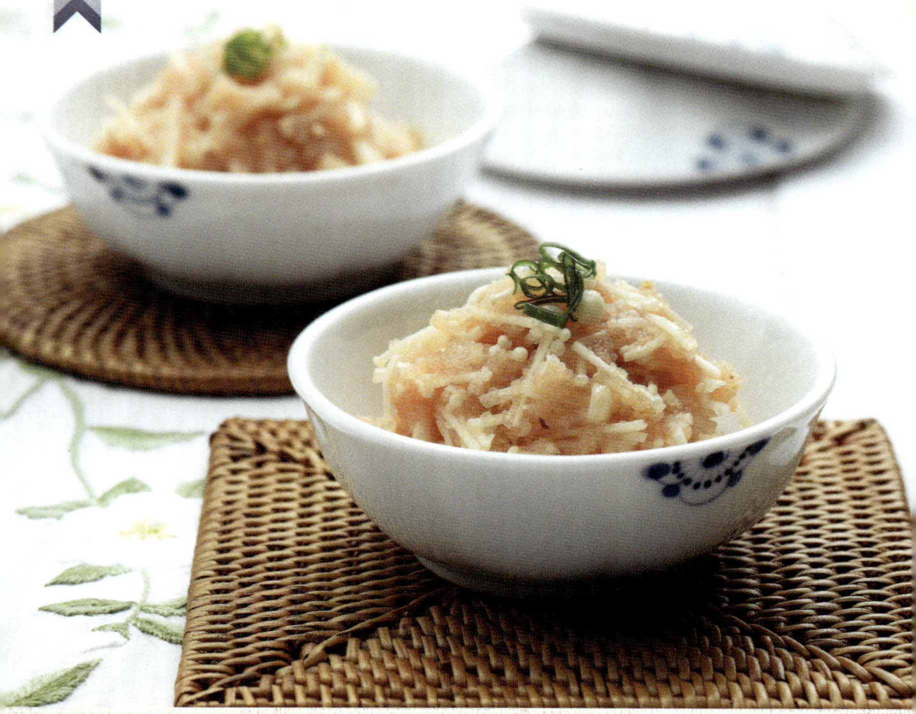

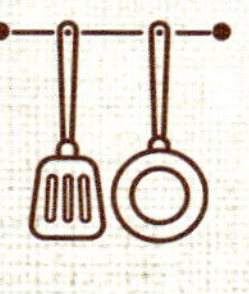

총열량 70kcal

총가열시간 0분

총조리시간 15분

주요요리도구 스텐볼

팽이

재료 명란젓 20g, 팽이 15g, 쪽파 5g, 다진 마늘 1.5g,
참기름 3mL, 깨소금 2g

—

만드는 법

1 명란젓은 껍질을 제거한 후에 살만 조심스럽게 발라낸다.

2 팽이는 밑동을 잘라 내고 깨끗이 씻은 후에 1.5㎝ 길이로 자른다.

3 쪽파는 송송 썬다.

4 볼에 명란젓, 팽이, 다진 마늘, 참기름, 깨소금을 넣고 조물조물 무친
후에 쪽파를 얹어 그릇에 담아낸다.

명란젓의 껍질을 제거하기 어려우면 껍질째로 잘게 다져 무친다.

황금팽이북어채무침

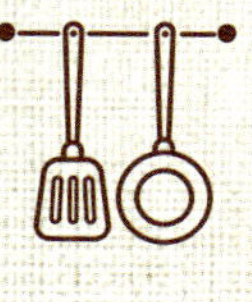

팽이

재료 황금팽이 20g, 북어채 10g, 양파 10g, 붉은 파프리카 7g,
노란 파프리카 7g

유자 소스 간장 7.5mL, 유자청 3.5mL, 레몬식초 2mL, 참기름 1.5mL

—

만드는 법

1 북어채는 물에 잠시 불렸다가 물기를 꼭 짠 후어 가늘게 찢는다.

2 황금팽이는 밑동을 잘라 깨끗이 씻은 후에 체에 밭쳐 물기를 제거한다.

3 파프리카와 양파를 가늘게 채 썬다.

4 분량의 재료를 섞어 유자 소스를 만든다.

5 북어채는 달군 프라이팬에 기름 없이 수분이 마를 때까지 볶는다.

6 큰 볼에 각각의 재료를 섞어 먹기 직전에 유자 소스에 고루 버무린다.

황금팽이찐가지무침

1인분

총열량 65kcal

총가열시간 10분

총조리시간 20분

주요요리도구 찜기, 믹서기

팽이

재료 가지 40g, 황금팽이 25g, 쪽파 2g

된장 소스 된장 3g, 통깨 2.5g, 간장 2mL, 맛술 2mL, 참기름 2mL, 설탕 0.7g, 다진 마늘 0.5g, 고춧가루 0.5g

—

만드는 법

1 황금팽이는 밑동을 잘라 깨끗이 씻어 체에 밭쳐 물기를 제거한다.

2 가지는 4등분하여 5㎝ 길이로 자른다.

3 쪽파는 송송 썬다.

4 분량의 된장 소스 재료를 믹서기에 넣고 곱게 간다.

5 김이 오른 찜통에 가지를 넣고 5분 정도 찐 후에 가볍게 물기를 짠다.

6 달군 프라이팬에 기름을 살짝 두르고 황금팽이를 볶는다.

7 먹기 직전에 가지와 황금팽이를 된장 소스에 무치고 위에 쪽파를 얹어 낸다.

RECIPE 10

팽이버섯생채

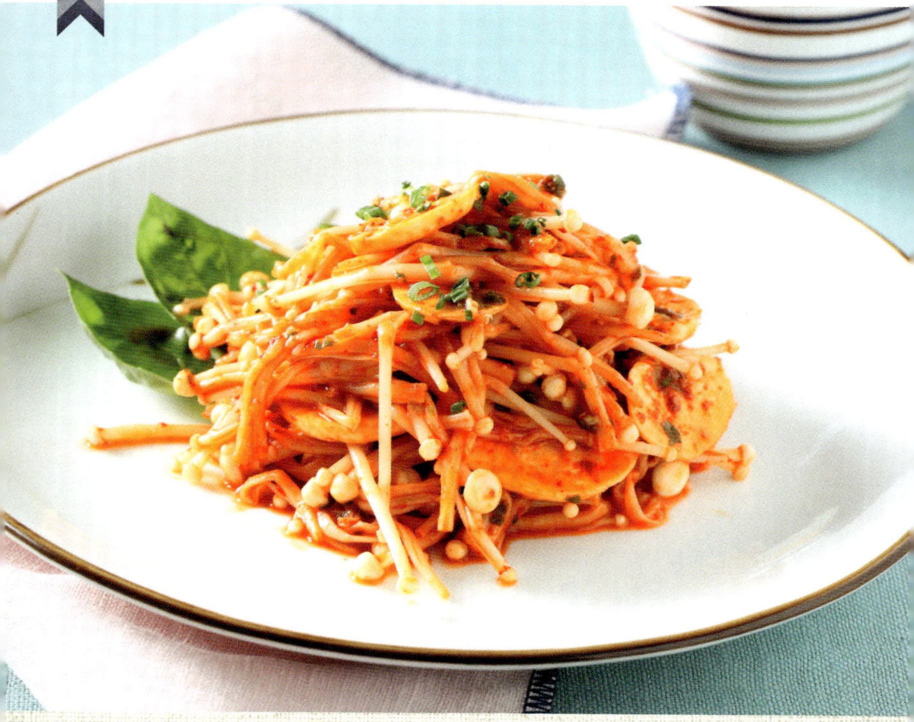

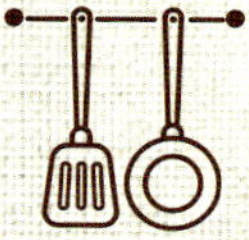

1인분

총열량 51kcal

총가열시간 0분

총조리시간 30분

주요요리도구 프라이팬

팽이

재료 팽이 40g, 양송이 40g, 실파 1g, 소금 2g

양념장 대파 2g, 마늘 1g, 고추장 4g, 소금 0.5g, 설탕 3g, 고춧가루 1.5g, 깨소금 0.5g, 식초 4mL

—

만드는 법

1 팽이는 밑동을 잘라 내고, 양송이는 0.3㎝ 두게로 썰어 약간의 소금을 뿌려 10분 정도 절인다.

2 〈양념장〉 대파와 마늘은 곱게 다져 나머지 재료를 넣고 양념장을 만든다.

3 버섯이 절여지면 찬물에 헹구어 물기를 뺀다.

4 버섯에 양념장을 넣어 골고루 무쳐 접시에 담고 송송 썬 실파를 뿌린다.

먹기 직전에 양념장을 넣고 무친다.

팽이버섯부추샐러드

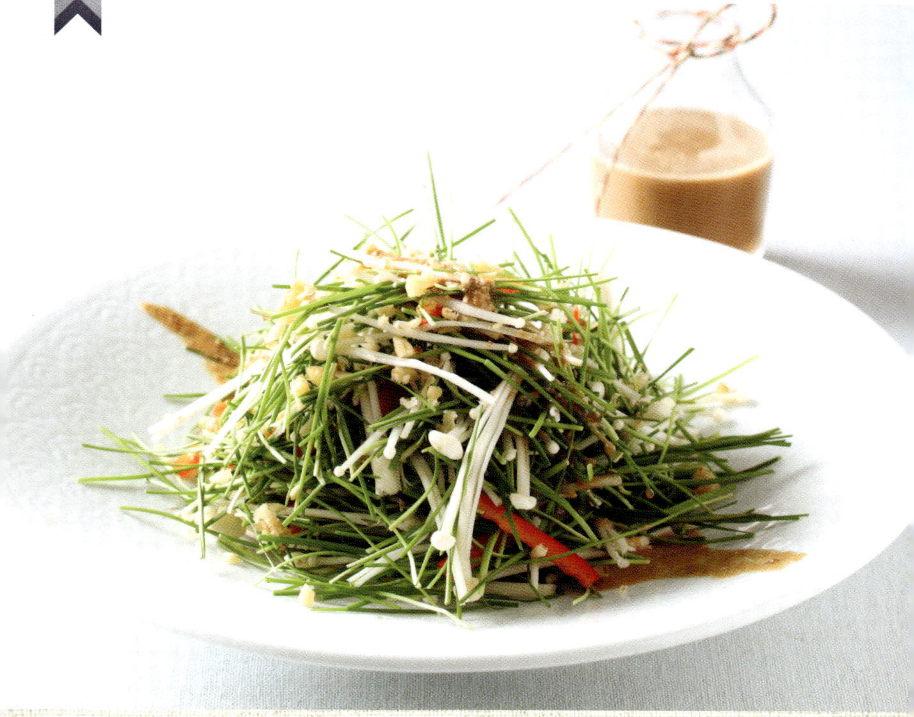

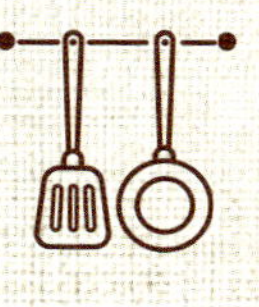

총열량	193kcal
총가열시간	0분
총조리시간	30분
주요요리도구	믹서기

1인분

팽이

재료 팽이 25g, 영양부추 15g, 빨간 파프리카 10g, 호두 10g

소스 사과 8g, 양파 4g, 마늘 1.3g, 생강 0.8g, 잣 1.3g, 간장 4mL,
매실청 4mL, 식초 4mL, 발사믹 4mL, 올리브유 8mL, 참기름 1.3mL, 소금 2g

—

만드는 법

1 팽이는 밑동을 잘라 내고 깨끗이 씻어 물기를 뺀다.

2 영양부추는 깨끗이 다듬어 씻은 후 2등분으로 썰고, 호두는 굵게 다진다.

3 파프리카는 씨를 빼고 4㎝ 길이로 곱게 채 썬 다음 찬물에 씻어 싱싱하게 한다.

4 〈소스〉 모든 재료를 믹서에 곱게 갈아 소스를 만든다.

5 1, 2, 3을 섞어 접시에 담고, 다진 호두와 소스를 뿌린다.

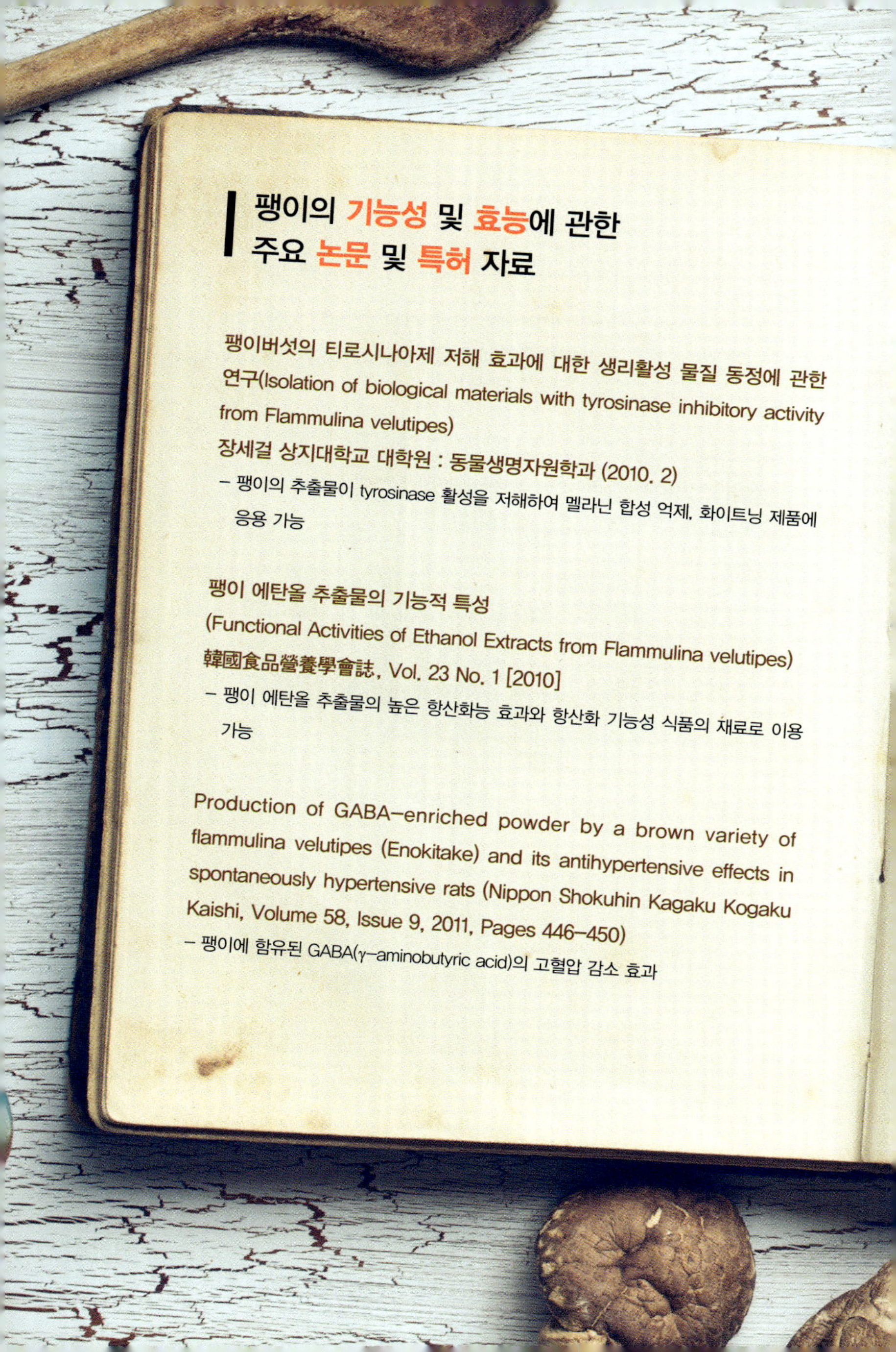

팽이의 기능성 및 효능에 관한 주요 논문 및 특허 자료

팽이버섯의 티로시나아제 저해 효과에 대한 생리활성 물질 동정에 관한 연구(Isolation of biological materials with tyrosinase inhibitory activity from Flammulina velutipes)
장세걸 상지대학교 대학원 : 동물생명자원학과 (2010. 2)
- 팽이의 추출물이 tyrosinase 활성을 저해하여 멜라닌 합성 억제, 화이트닝 제품에 응용 가능

팽이 에탄올 추출물의 기능적 특성
(Functional Activities of Ethanol Extracts from Flammulina velutipes)
韓國食品營養學會誌, Vol. 23 No. 1 [2010]
- 팽이 에탄올 추출물의 높은 항산화능 효과와 항산화 기능성 식품의 재료로 이용 가능

Production of GABA-enriched powder by a brown variety of flammulina velutipes (Enokitake) and its antihypertensive effects in spontaneously hypertensive rats (Nippon Shokuhin Kagaku Kogaku Kaishi, Volume 58, Issue 9, 2011, Pages 446-450)
- 팽이에 함유된 GABA(γ-aminobutyric acid)의 고혈압 감소 효과

Coadministration of the fungal immunomodulatory protein FIP–Fve and a tumour-associated antigen enhanced antitumour immunity
(Immunology Volume 128, Issue 1 PART 2, September 2009, Pages e881–e894)
– 팽이가 함유한 다당류 추출물 Fve의 면역반응과 항암 효과

영어로는 '굴맛이 난다'는 뜻으로 Oyster Mushroom이라고도 한다. 느타리는 우수한 식용버섯으로서 일찍이 활엽수 원목을 이용한 재배가 개발되었으며, 톱밥 배지를 이용한 병재배로 기계화에 의한 대량생산이 가능하게 되었다. 우리나라에서 주로 재배되고 있는 느타리버섯 종은 느타리(*P. ostreatus*) 외에도 여름느타리(*P. sajor-caju*), 사철느타리(*P. florida*) 등이 있으며, 최근에는 노랑색이나 붉은색이 있는 느타리도 개발되었다.

강원도농업기술원이 강원도 자생종 산느타리를 개량하여 '호산'이란 품종을 개발해 보급하고 있는데 치감이 쫄깃쫄깃하며 쇠고기와 비슷한 맛이 나서 '고기 느타리'라고 하는데 일반 느타리에 비해 야생버섯 특유의 향과 식감 그리고 맛을 느낄 수 있다.

느타리는 수확·포장 방법에 따라 버섯을 한 대씩(낱개) 수확하는 대느타리(찹찹이), 병재배 후 다발로 수확하는(꽃작업이라고 함) 꽃느타리와 트레이에 소포장하는 TR느타리(참느타리)가 있다.

느타리

학 명　*Pleurotus ostreatus* (Jacq. ex Fr.) Kummer
분 류　주름버섯목 느타리과 느타리속
분 포　한국, 동아시아, 유럽, 북미, 호주 등 세계적으로 분포
서 식　봄·가을철에 활엽수 고목의 그루터기에 군생

느타리 손질법

다발성 버섯은 밑동의 톱밥만 제거한 후 갓을 위로 하여 흐르는 물에 살짝 씻어 소쿠리에 밭쳐 물기를 제거한다.
버섯 대를 잡고 갓 크기별로 분류하여, 큰 것은 산적이나 튀김용으로, 중간 것은 볶음이나 전골용으로, 작은 것은 된장찌개용으로 사용한다.
밑동의 흰 부분은 배지가 아닌 버섯 대이므로 제거할 필요가 없다.
버섯전이나 튀김용으로 사용 시 손질된 버섯에 소금을 뿌려 고루 뒤적인다.
20분 정도 재워 숨이 죽으면 꽉 짜도 잘 부서지지 않으므로 데쳐서 사용할 때보다 향과 맛이 한결 좋다.

느타리 보관법

버섯은 구입 즉시 랩 포장을 제거하고 밀폐용기에 넣어 냉장고에 보관한다.
냉장보관 버섯에 물기가 있거나 갓이 미끈거리면 소금물에 살짝 데쳐 즉시 사용한다.
일주일에 한 번 시장을 볼 때는 신선한 버섯을 구입 후 씻지 말고 이물질만 제거한다.
용도별로 분류하여 큰 것은 갓 부분부터 아래로 2등분하여 비닐봉투에 밀봉한다.
작은 버섯은 종이를 깔고 통풍이 잘 되는 따뜻한 곳에서 말려 갈아놓으면 조미료로 사용할 수 있다.

산느타리(고기느타리)새우탕

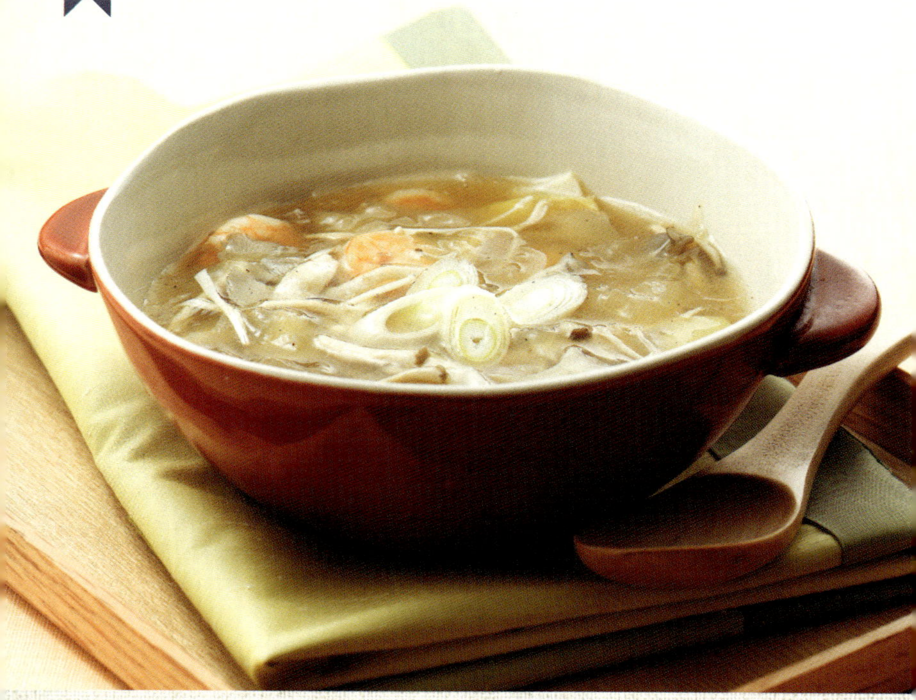

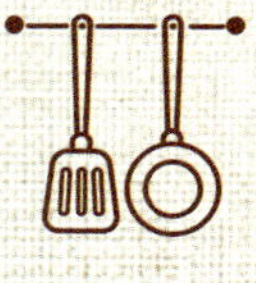

1인분

총열량 130kcal

총가열시간 20분

총조리시간 40분

주요요리도구 냄비

느타리

재료 산느타리 40g, 새우살 30g, 팽이 10g, 대파 2.5g, 깐 마늘 1g, 깐 생강 1g, 물 300mL, 국간장 3.8mL, 소금 1g, 후춧가루 0.1g, 물녹말 10mL(녹말가루 10g, 물 10mL), 참기름 2mL

만드는 법

1 새우살은 옅은 소금물에 흔들어 씻은 다음 체에 밭쳐 물기를 제거한다.

2 산느타리는 밑동을 잘라 굵은 것은 반으로 찢는다.

3 팽이는 밑동을 잘라 4㎝ 길이로 썬다.

4 대파는 어슷 썰고, 마늘과 생강은 얇게 저며 썬다.

5 냄비에 참기름을 조금 두르고 마늘과 생강을 볶다가 향이 나면 새우와 산느타리를 넣고 함께 볶는다.

6 5에 물을 붓고 끓이다가 끓으면 국간장, 소금, 후춧가루를 넣어 간을 하고 물녹말을 풀어 농도를 맞춘다. 여기에 팽이와 대파를 넣고 한 김 쐬어 준 후에 불을 끄고 참기름으로 마무리한다.

새우살을 그냥 찬물에 씻으면 맛이 빠지므로 옅은 소금물에 씻는다.

느타리버섯국

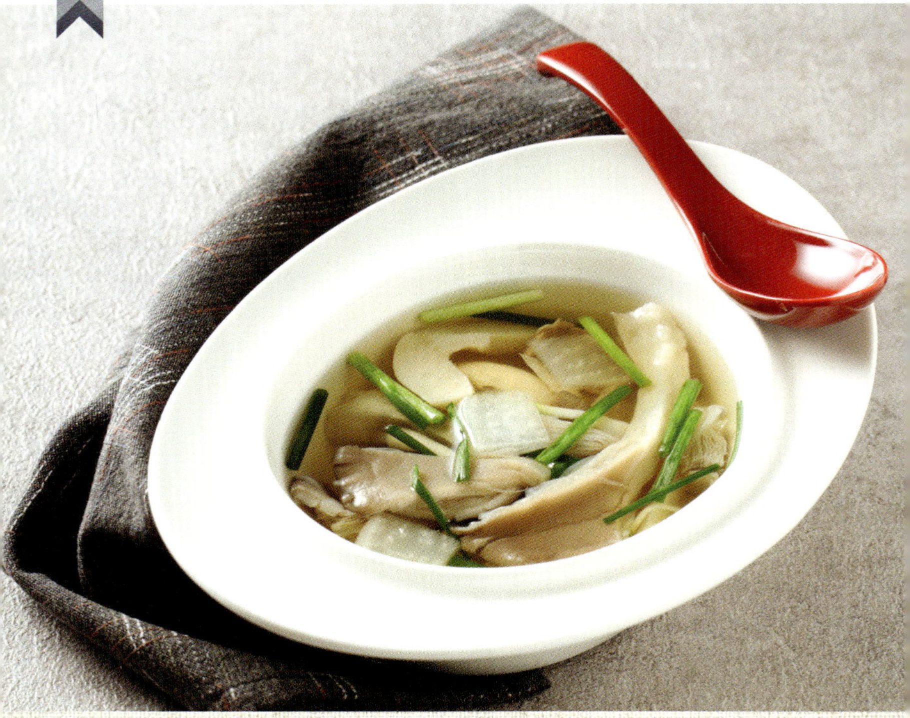

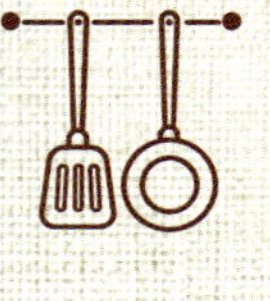

1인분

총열량 45kcal

총가열시간 30분

총조리시간 40분

주요요리도구 냄비

느타리

재료 느타리 37g, 쇠고기 15g, 무 22g, 대파 7g, 마늘 1.5g, 쪽파 4g, 물 295mL, 국간장 1.5mL, 소금 1.5g, 후추 0.1g

—

만드는 법

1 느타리는 깨끗이 씻어 물기를 뺀 후 굵게 찢는다.

2 쇠고기는 2×2㎝로 얇게 썰고, 무도 같은 크기로 썬다. 쪽파는 5㎝ 길이로 잘라놓는다.

3 냄비에 물과 쇠고기, 대파를 넣고 뭉근한 불에서 거품을 걷어 내며 끓이다가 고기가 70% 정도 익을 무렵 무와 버섯을 넣고 부드럽게 익을 때까지 끓인다.

4 3에 간장으로 색을 내고 마늘을 칼등으로 으깨 넣은 뒤 소금, 후추로 간을 맞추고 쪽파를 넣어 잠시 더 끓인다.

느타리오징어찌개

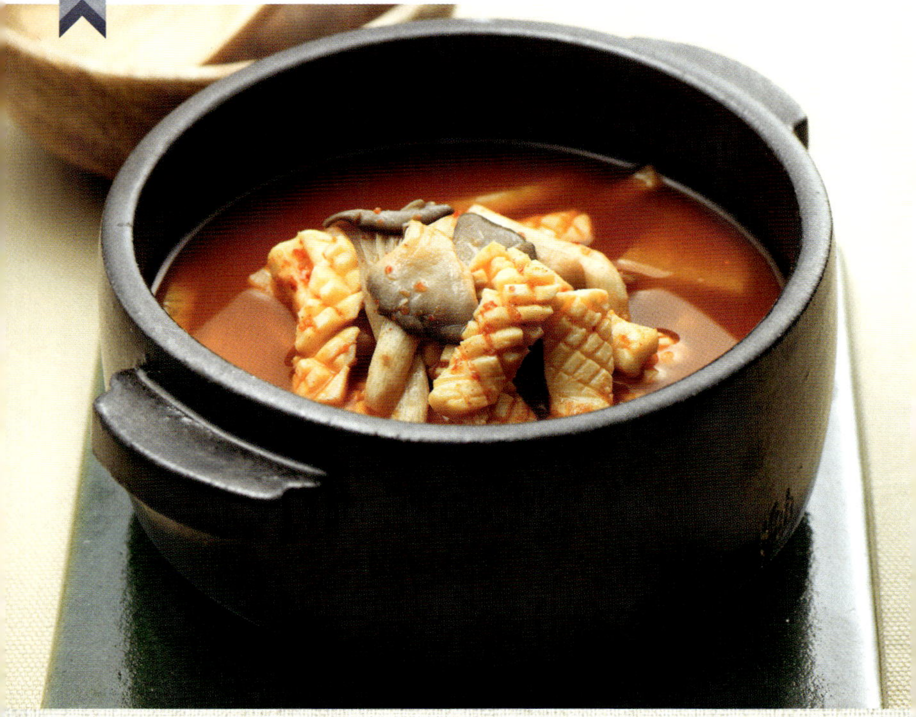

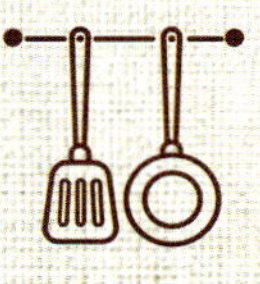

1인분

총열량 97kcal

총가열시간 30분

총조리시간 50분

주요요리도구 냄비

느타리

재료 오징어 70g, 느타리 30g, 무 10g, 대파 7g, 풋고추 3g,
홍고추 3g, 물 250mL

찌개 양념 고춧가루 5g, 고추장 2.5g, 멸치액젓 2mL, 된장 1.5g,
다진 마늘 1.5g, 후춧가루 0.1g

—

만드는 법

1 오징어는 반으로 갈라 내장을 제거한 다음 껍질을 벗겨 손가락 크기로
썬다.

2 무는 나박썰기를 한다.

3 느타리는 깨끗이 다듬어 굵게 찢는다.

4 대파와 고추는 어슷 썬다.

5 분량의 재료를 넣어 찌개 양념을 만든다.

6 냄비에 물을 붓고 무와 찌개 양념을 넣어 끓인다.

7 국물이 끓으면 오징어를 넣고 끓인다. 오징어가 반 정도 익으면 느타리,
대파, 풋고추, 홍고추, 후춧가루를 넣어 한소끔 끓인 뒤에 싱거우면 소금
으로 간을 한다.

오징어에 칼집을 넣어 끓이면 모양이 오그라들지 않아서 좋다.

느타리버섯조림

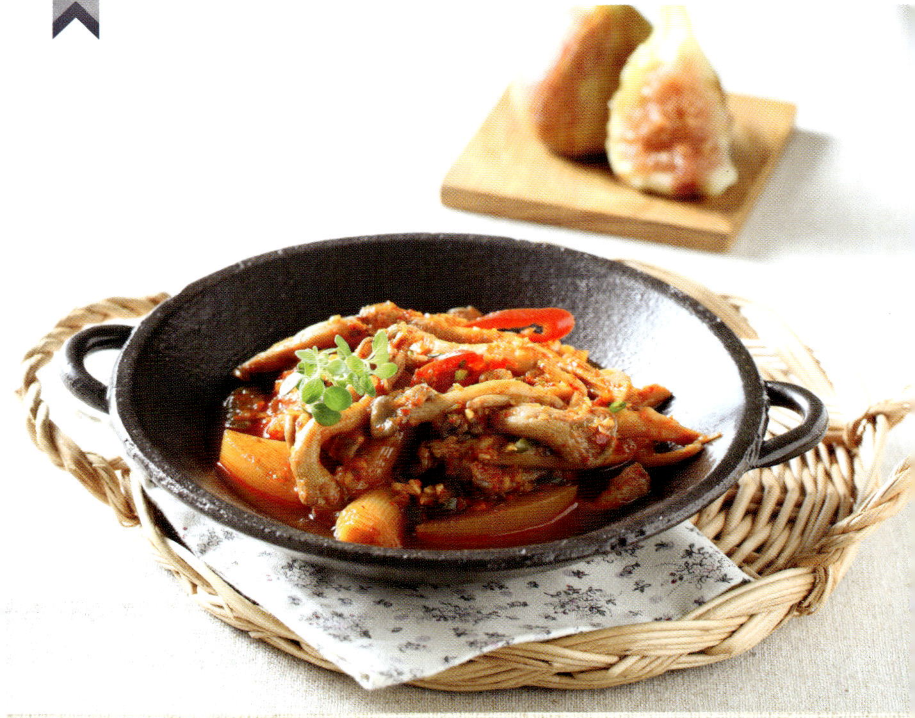

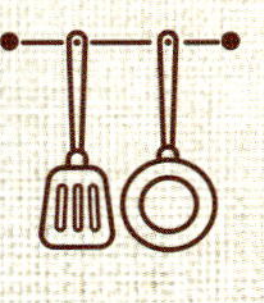

1인분

총열량　70kcal

총가열시간　25분

총조리시간　40분

주요요리도구　냄비

느타리

재료 느타리 33g, 무 20g, 대파 10g, 홍고추 2g, 풋고추 6.7g, 쌀뜨물 66.7mL

양념장 대파 4.7g, 마늘 2.7g, 생강 0.7g, 진간장 10mL, 맛술 5.3mL,
고춧가루 2.5g, 참기름 2.5mL, 깨소금 1g, 소금 0.1g, 후춧가루 0.1g

—

만드는 법

1 느타리는 깨끗이 씻어 가닥을 떼고, 무는 1㎝ 두께의 은행잎 모양으로
썬다.

2 대파는 3㎝ 길이로 자르고, 풋고추와 홍고추는 어슷하게 썰어 씨를 턴다.

3 〈양념장〉 마늘, 대파, 생강을 곱게 다져 나머지 분량의 재료를 섞는다.

4 냄비에 무를 깔고 버섯과 양념장, 쌀뜨물을 붓고 잠시 센 불에서 끓이다
가 중불로 줄여 은근하게 조린다.

5 무가 익으면 대파와 고추를 넣고 자작하게 잠시 더 조린다.

느타리버섯두부덮밥

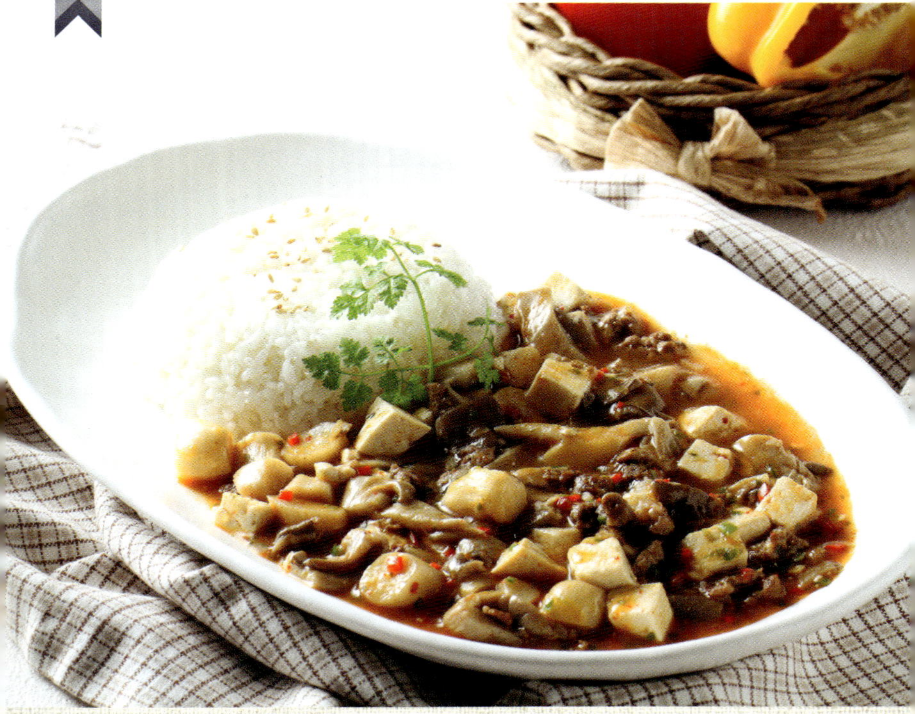

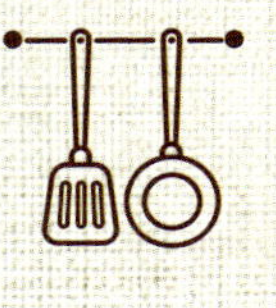

1인분

총열량	513kcal
총가열시간	25분
총조리시간	60분
주요요리도구	프라이팬

느타리

<u>재료</u> 느타리 60g, 두부 60g, 밥 200g

<u>소스</u> 홍고추 5g, 풋고추 5g, 대파 8g, 마늘 3g, 생강 0.8g,
다진 돼지고기 25g, 고추기름 15mL, 청주 8mL, 두반장 5g, 굴소스 3g,
설탕 1g, 소금 0.3g, 후추 0.2g, 육수 150mL, 물녹말 8g, 참기름 1mL

—

만드는 법

1 느타리는 깨끗이 다듬어 끓는 물에 소금을 넣고 데친 후 찬물에 식혀
1㎝ 길이로 썬다.

2 두부는 사방 1㎝ 크기로 썰어 끓는 물에 데쳐 물기를 뺀다.

3 홍고추, 풋고추, 대파는 쌀알 크기로 썰고, 마늘과 생강은 곱게 다진다.

4 〈소스〉 팬에 고추기름을 두르고 생강, 마늘, 대파, 고추, 돼지고기 순으
로 넣으며 볶다가 청주, 두반장, 간장, 굴소스, 육수 순으로 넣고 끓이면
서 설탕, 소금, 후추로 간을 맞춘다.

5 다른 팬에 참기름을 두르고 버섯을 붓아 **4**의 소스에 넣고 두부를 넣어
한소끔 끓인 후 물녹말을 풀어 걸쭉하게 농도를 맞춘다.

6 밥을 접시에 담고 버섯두부 소스를 올린다.

육수는 쇠고기나 닭고기, 다시마, 채소 육수 중 어느 것이나 사용 가능하다.

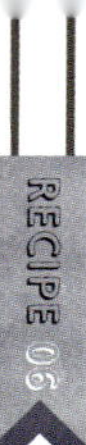

RECIPE 06

산느타리(고기느타리)불고기덮밥

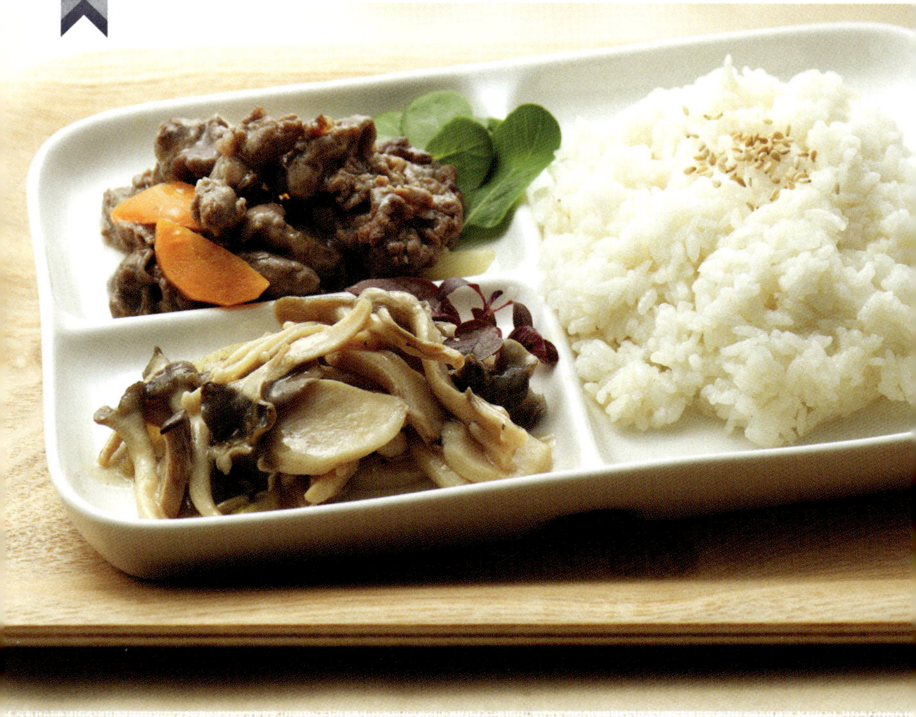

1인분

총열량 435.43kcal

총가열시간 20분

총조리시간 50분

주요요리도구 소스팬

재료 쇠고기(불고기감) 53g, 산느타리 27g, 양파 20g, 새송이 13g, 팽이 7g, 당근 7g, 대파 3g, 식용유 3mL, 밥 180g, 물 50mL, 물녹말 3mL(녹말가루 3g, 물 3mL)

불고기 양념 간장 10mL, 설탕 5g, 다진 파 2g, 마늘 1g, 참기름 2mL, 후춧가루 0.1g

만드는 법

1 쇠고기는 먹기 좋은 크기로 썰어 불고기 양념에 재워놓는다.

2 산느타리는 밑동을 잘라 깨끗이 다듬은 후에 굵게 찢는다.

3 새송이는 4㎝ 길이로 잘라 어슷 썰고, 팽이는 밑동을 잘라 깨끗이 씻은 후에 반으로 자른다. 양파는 길이대로 가늘게 채 썬다.

4 당근은 반으로 잘라 어슷 썰고, 대파도 어슷 썬다.

5 팬에 기름을 두르고 쇠고기를 먼저 볶다가 버섯과 나머지 채소를 넣고 볶는다.

6 재료가 익으면 물을 붓고 끓이다가 국물이 끓어오르면 물녹말을 넣고 걸쭉하게 될 때까지 끓인다.

7 그릇에 밥과 **6**의 불고기덮밥 소스를 담아낸다.

당면을 불고기덮밥에 넣어주면 버섯의 식감과 잘 어울려 맛이 좋으면서도 단가를 줄일 수 있어 좋다. 당면을 반나절 정도 물에 불려 먹기 좋은 크기로 썰어 투명해질 때까지 볶으면 된다.

느타리버섯어묵볶음

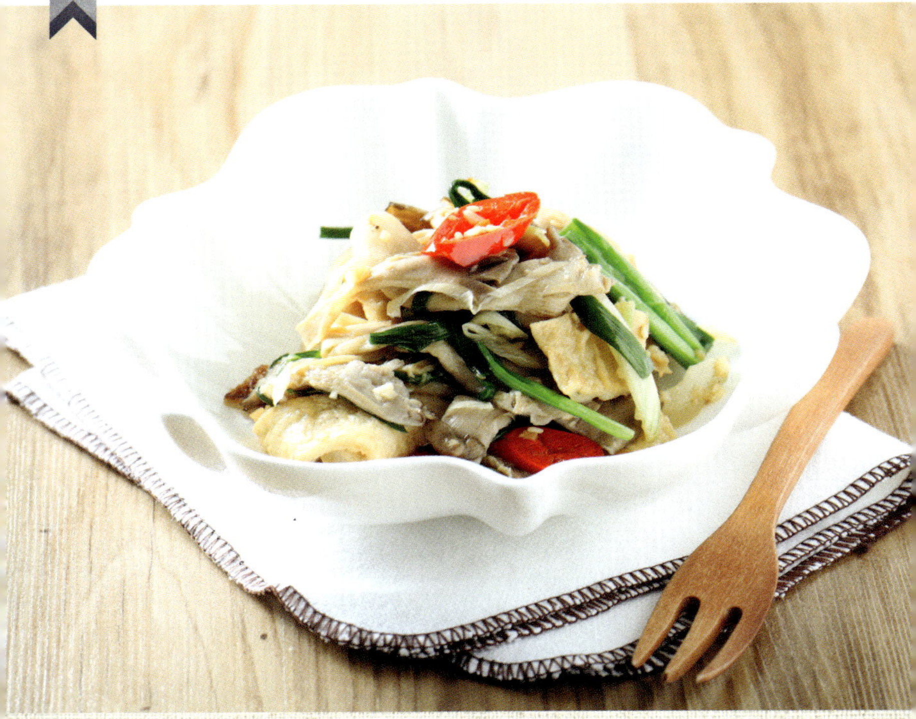

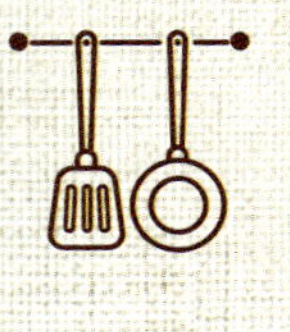

총열량 197kcal

총가열시간 10분

총조리시간 30분

주요요리도구 프라이팬

느타리

재료 느타리 50g, 어묵 25g, 양파 15g, 대파 10ⓒ, 마늘 2.5g, 홍고추 3g, 쪽파 13g, 진간장 4mL, 소금 1g, 후추 0.1g, 깨소금 2.5g, 참기름 4mL, 식용유 8mL, 절임용 소금

—

만드는 법

1 느타리는 가닥을 떼어 약간의 절임용 소금을 뿌려 30분 정도 두었다가 찬물에 씻어 물기를 짠다.

2 어묵은 한입 크기로 썰어 끓는 물에 데쳐 기름기를 뺀다.

3 양파는 채 썰고, 대파와 홍고추는 어슷하게 썰고, 쪽파는 3㎝ 길이로 썰고, 마늘은 다진다.

4 팬에 식용유를 두르고 마늘과 양파, 홍고추를 볶다가 버섯과 어묵을 넣고 볶으면서 간장과 소금, 후추로 간한다.

5 마지막에 쪽파와 깨소금, 참기름을 넣고 잠시 더 볶는다.

느타리버섯나물

1인분

총열량 167kcal

총가열시간 15분

총조리시간 30분

주요요리도구 프라이팬

느타리

 느타리 50g, 대파 5g, 마늘 3g, 쪽파 3g, 홍고추 2g, 육수 10mL,
간장 5mL, 청주 8mL, 식용유 11mL, 들기름 4mL, 소금 0.5g, 후추 0.1g

만드는 법

1 느타리는 깨끗이 다듬어 끓는 물에 소금을 넣고 테쳐 찬물에 식힌 후 2~4등분으로 찢어 물기를 짠다.

2 대파는 어슷 썰고, 홍고추는 3㎝ 길이로 채 썰고, 마늘은 곱게 다지고, 쪽파는 송송 썬다.

3 프라이팬에 식용유를 두르고 다진 마늘과 대파를 볶다가 버섯을 넣고 볶는다.

4 3에 청주와 간장, 홍고추를 넣고 볶으면서 육수를 넣고 촉촉하게 계속 볶는다.

5 맛이 어우러지게 볶아지면 소금과 후추로 간을 맞추고 쪽파와 들기름을 넣어 완성한다.

느타리버섯초회무침

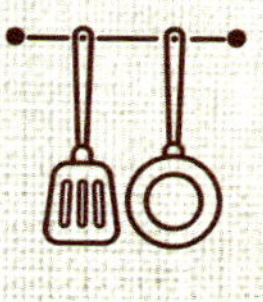

느타리

재료 느타리 50g, 오이 11.5g, 당근 6.7g, 양배추 15g 양파 6.7g, 쑥갓 4g

양념장 사과 1.7g, 배 2.7g, 파인애플 1.7g, 양파 1.7g, 마늘 1.7g,
레몬즙 0.2mL, 고추장 4.2g, 고춧가루 3.3g, 물엿 4.2g, 식초 4.2mL,
설탕 5.3g, 소금 0.9g, 깨소금 0.3g, 후추 0.07g

—

만드는 법

1 느타리는 깨끗이 다듬어 굵게 찢은 다음 끓는 물에 소금을 넣고 데쳐 찬
물에 식힌 후 물기를 짠다.

2 오이, 당근, 양배추는 5×1.2×0.2㎝의 골패형으로 썬다.

3 양파는 채 썰고 쑥갓은 5㎝ 길이로 자른다.

4 〈양념장〉 과일과 양파, 마늘을 깨끗이 손질하여 믹서에 곱게 간 다음 나
머지 재료를 섞는다.

5 준비한 버섯과 채소를 섞어 양념장을 넣고 살짝 버무려 접시에 담고 통
깨를 뿌린다.

양념장을 만들어 2시간 정도 숙성시킨 후 사용하는 것이 좋다.

느타리버섯밥

총열량 500kcal

총가열시간 30분

총조리시간 60분

주요요리도구 냄비

느타리

재료 멥쌀 90g(불린 쌀 114g), 느타리 75g, 다진 쇠고기 20g, 마늘 5g, 양파 10g, 참기름 8mL, 간장 4mL, 물 110mL

양념장 간장 8mL, 다시마 육수 8mL, 참기름 4mL, 통깨 0.5g, 쪽파 5g

—

만드는 법

1 쌀은 깨끗이 씻어 30분 정도 미리 불린 후 물기를 뺀다.

2 느타리는 끓는 물에 소금을 넣고 데쳐 찬물에 헹군 후 가늘게 찢어 물기를 짠다.

3 마늘과 양파는 잘게 다진다.

4 팬에 참기름을 두르고 마늘과 양파를 볶다가 쇠고기, 간장, 버섯 순으로 넣으며 볶는다.

5 밥솥에 불린 쌀과 물, 4의 버섯 볶음을 넣고 밥을 짓는다.

6 쪽파를 송송 썰어 간장과 다시마 육수, 참기름, 통깨를 넣고 양념장을 만들어 곁들인다.

느타리치즈고추장비빔밥

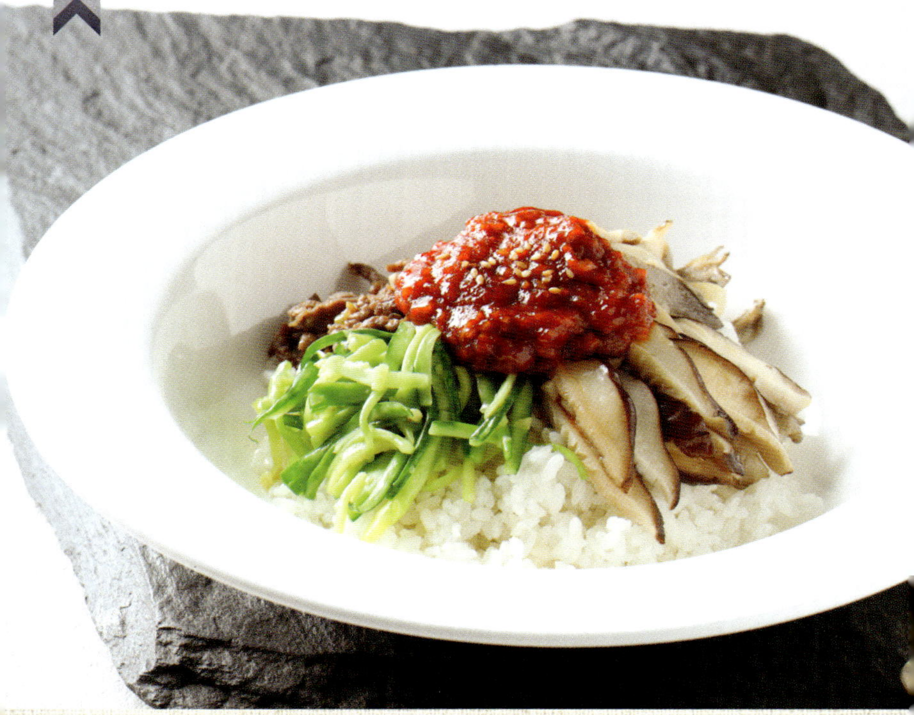

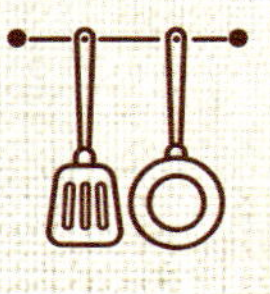

1인분

총열량	525kcal
총가열시간	30분
총조리시간	60분
주요요리도구	프라이팬, 냄비

느타리

재료 느타리 50g, 표고 30g, 애호박 50g, 쇠고기 30g, 식용유 7mL, 절임용 소금 0.5g, 밥 200g
양념장 간장 3.8mL, 설탕 1g, 파 2.3g, 마늘 1.4g, 깨소금 0.5g, 참기름 1mL, 후추 0.1g
치즈 소스 양파 8.1g, 대파 5g, 마늘 8.1g, 생강 0.6g, 식용유 2.5mL, 참기름 1.9mL, 고추장 7.3g, 쇠고기 육수 72.5mL, 국간장 4.1mL, 청주 5mL, 쿨엿 12.5g, 소금 1g, 후추 0.3g, 설탕 0.3g, 매실효소 5mL, 고춧가루 5g, 파마산치즈가루 6.3g

—

만드는 법

1 버섯은 끓는 물에 소금을 넣고 데쳐 찬물에 식힌 후 느타리는 가늘게 찢고, 표고는 채 썰어 물기를 짠다.

2 호박은 5㎝ 길이로 돌려 깎아 채 썬 뒤 소금을 뿌려 잠시 두었다가 냉수에 헹구어 물기를 짜고, 쇠고기도 같은 길이로 가늘게 채 썬다.

3 〈양념장〉 대파와 마늘을 곱게 다져 나머지 분량의 재료를 섞은 다음 쇠고기와 버섯에 나누어 넣고 무친다.

4 〈치즈 소스〉 양파, 대파, 마늘, 생강을 잘게 다져 식용유를 두른 팬에 수분이 거의 없도록 볶고, 고추장은 참기름을 두른 팬에 따로 볶아 섞은 후 나머지 재료를 넣어 100g이 되도록 은근하게 끓인다.

5 팬에 식용유를 두르고 호박, 느타리, 표고, 쇠고기 순으로 각각 볶아서 그릇에 밥을 담고 볶은 재료를 올린 다음 치즈 소스를 곁들인다.

소스를 끓일 때 완성 무게(100g)를 맞춰야 간이 잘 맞는다. 고춧가루와 치즈가루는 덩어리가 지지 않게 일부 육수에 풀어 마지막에 넣고 농도에 맞게 잠시 더 끓이는 것이 좋다.

느타리콩부침

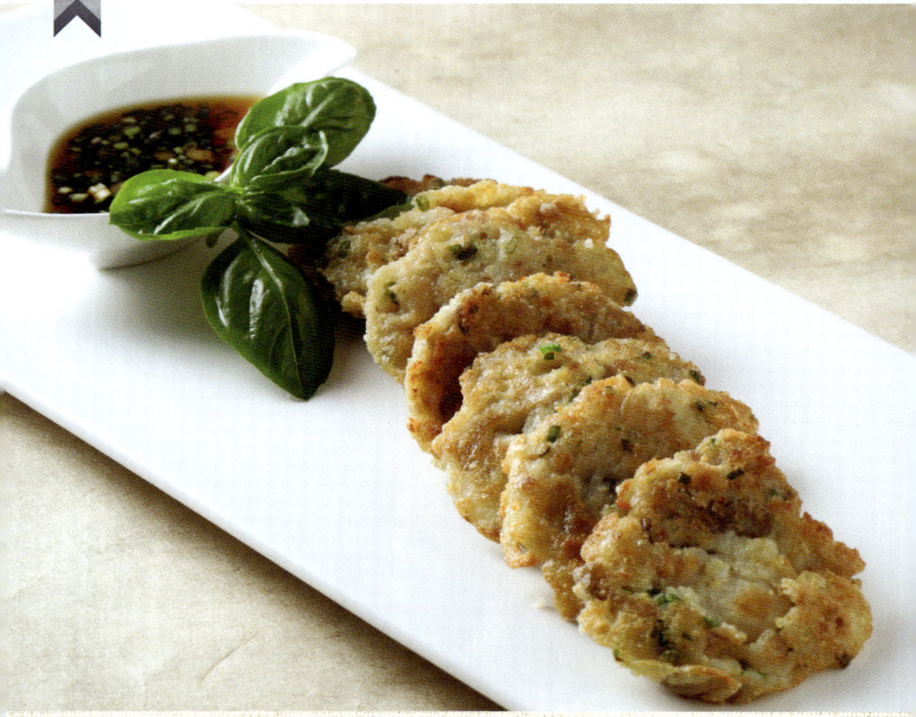

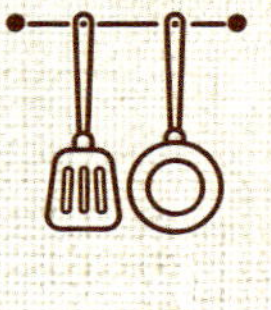

총열량   195kcal

총가열시간   12분

총조리시간   50분(콩불림 7시간)

주요요리도구   프라이팬, 믹서

느타리

재료 느타리 15g, 흰콩 10g(불린 콩 22.9g, 껍질 제거 18.7g),
멥쌀 10g(불린 쌀 12.7g), 물 20mL, 다진 돼지고기 10g, 마늘 0.4g, 파 2.5g,
풋고추 1.9g, 홍고추 0.9g, 소금 0.3g, 후추 0.1g, 식용유 9mL, 절임용 소금 1g

전 간장 간장 3.8mL, 육수 3.8mL, 청주 1.9mL, 설탕 0.5g, 식초 0.6mL, 실파 1.3g

—

만드는 법

1 콩은 6시간 정도 미리 불린 후 비벼 씻어서 껍질을 벗긴다.

2 쌀은 깨끗이 씻어 30분 정도 불린 후 체에 밭쳐 물기를 뺀다.

3 느타리는 끓는 물에 소금을 넣고 데쳐 찬물에 식힌 후 2~4등분으로 찢어 물기를 꼭 짠다.

4 풋고추와 홍고추, 파는 얇게 송송 썰고, 마늘은 곱게 다진다.

5 콩과 쌀을 믹서에 넣고 물과 소금을 넣어 곱게 간다.

6 다진 돼지고기는 면보에 싸서 핏물을 닦은 후 다진 마늘과 소금, 후추를 넣고 양념한다.

7 5의 콩 반죽에 송송 썬 풋고추와 파, 버섯, **6**의 돼지고기를 넣고 섞는다.

8 팬을 달구어 식용유를 두르고 **7**의 반죽을 한 수저씩 떠 넣어 앞뒤가 노릇하게 익도록 중불에서 지진다.

9 〈전 간장〉 실파를 송송 썰어 나머지 재료를 넣고 전 간장을 만들어 따로 담아 곁들인다.

메주콩 100g : 7시간 불린 후 229g, 껍질 제거 186.7g

산느타리(고기느타리)녹두행적

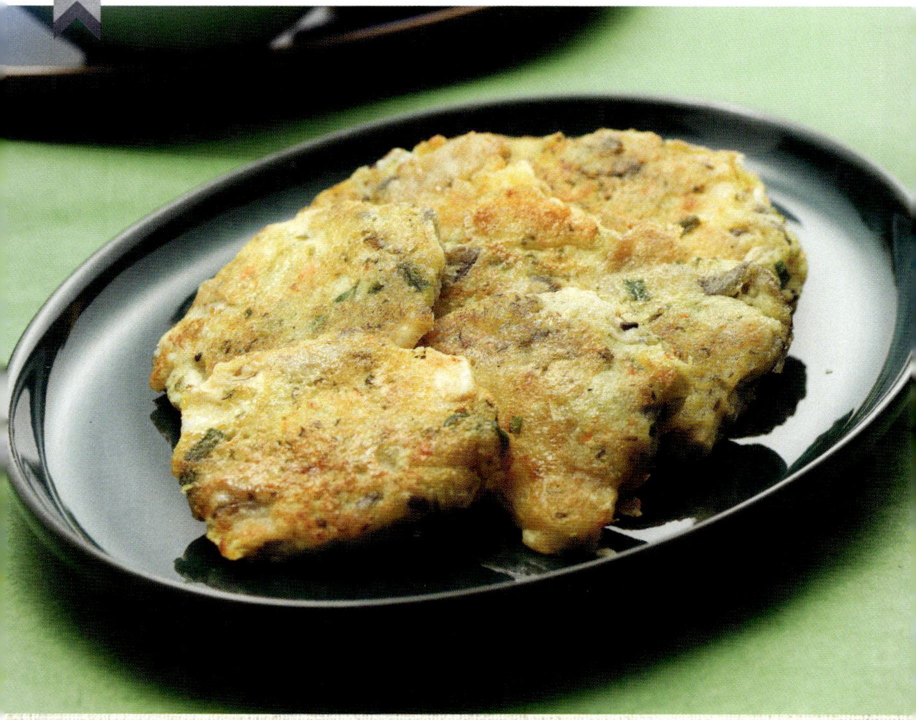

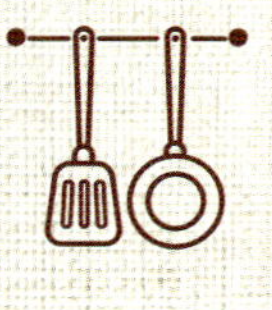

1인분

총열량 268kcal

총가열시간 20분

총조리시간 50분

주요요리도구 믹서기, 프라이팬

느타리

재료 배추김치 20g, 쇠고기(산적용) 25g, 산느타리 30g, 대파(흰 부분) 20g,
찹쌀가루 15g, 식용유 7mL

녹두 반죽 녹두 50g, 물 12.5mL, 양파 15g

김치 양념 참기름 2mL, 깨소금 0.5g

쇠고기 양념 간장 3.5mL, 다진 파 2.5g, 다진 마늘 1.5g, 참기름 1.5mL,
설탕 1g, 깨소금 1g, 후춧가루 0.1g

—

만드는 법

1 믹서기에 물에 불린 녹두와 물을 넣고 곱게 간다.

2 큰 볼에 다진 양파와 녹두 간 것을 섞는다.

3 배추김치는 속을 털어 내고 6㎝ 길이로 채 썰어 참기름과 깨소금으로
무쳐 낸다.

4 산느타리는 밑동을 자른 후에 끓는 물에 소금을 넣고 살짝 데쳐 찬물에
헹궈 물기를 꼭 짠다.

5 대파는 흰 부분을 골라 6㎝ 길이로 썬다.

6 쇠고기는 1×7㎝ 길이로 썰어 양념한다.

7 꼬치에 준비한 재료를 차례로 끼워 찹쌀가루를 골고루 묻힌 후에 녹두
반죽을 살짝 발라 달군 팬에 노릇하게 지져 낸 다음 꼬치를 빼고 그릇에
담는다.

완성된 산느타리녹두행적의 크기가 너무 크면 먹기 좋은 크기로 썰어 그릇에 담는다.

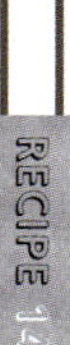

RECIPE 14

느타리버섯불고기

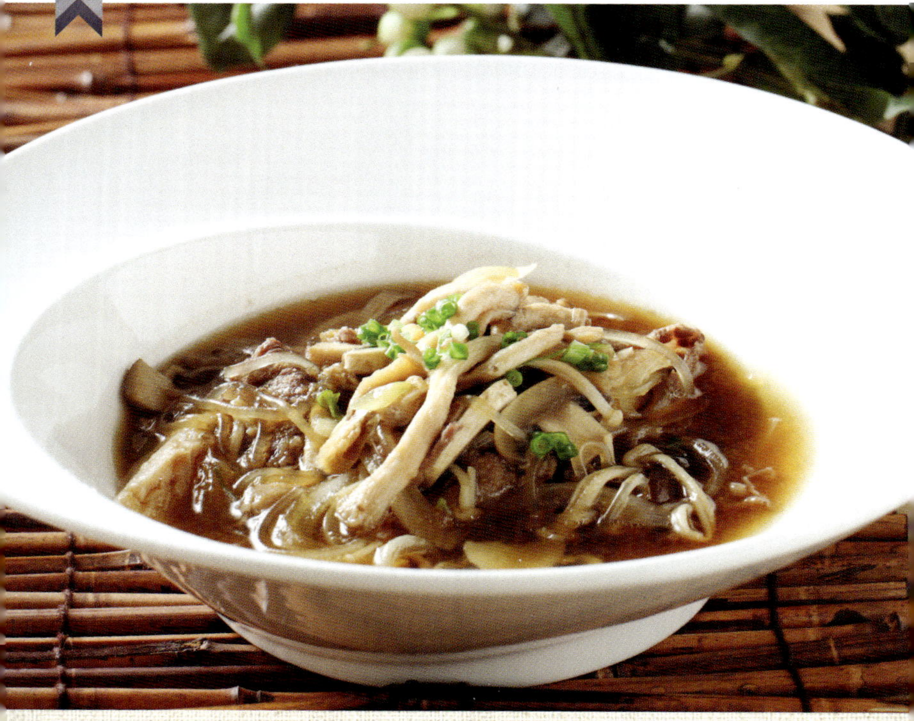

1인분

총열량 178kcal

총가열시간 15분

총조리시간 60분

주요요리도구 냄비

느타리

재료 쇠고기(목심) 30g, 느타리 30g, 양송이 10g, 표고 5g, 팽이 5g, 대파 2.5g, 양파 10g, 당면 7g

소스 배 22.5g, 양파 11.3g, 대파 2.5g, 마늘 1.9g, 진간장 18.8mL, 물엿 7.5g, 황설탕 7.5g, 후추 0.1g, 참기름 1.5mL, 물 120g

—

만드는 법

1 느타리는 깨끗이 씻어 찢고, 양송이와 표고는 얇게 썰고, 팽이는 밑동을 자른다.

2 대파는 어슷하게 썰고, 양파는 반을 갈라 결대로 채 썬다.

3 쇠고기(목심)는 불고기용으로 얇게 썰어 준비하고, 당면은 미리 찬물에 담가놓는다.

4 〈소스〉 배는 껍질과 씨를 제거하고 양파, 마늘, 대파는 깨끗이 씻어 잘게 썬 다음 믹서에 곱게 갈아 냄비에 담고, 나머지 재료를 모두 넣어 은근하게 30분 정도 끓인다.

5 **1**, **2**, **3**의 재료를 섞어 **4**의 소스에 넣고 익힌다.

느타리닭산적

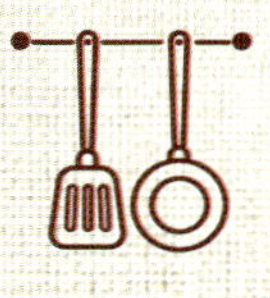

1인분

총열량	106kcal
총가열시간	15분
총조리시간	45분
주요요리도구	프라이팬

느타리

재료 닭가슴살 30g, 느타리 40g, 대파(흰 부분) 10g, 참기름 5mL, 소금 1g, 후춧가루 0.5g

닭가슴살 양념 간장 7.5mL, 설탕 1.5g, 다진 파 1.5g, 다진 마늘 1g, 생강즙 0.7mL, 청주 1.5mL, 후춧가루 0.5g

—

만드는 법

1 닭고기는 손가락 크기로 썬 후에 칼등으로 자근자근 두드려 부드럽게 한다.

2 분량의 재료를 섞어 닭가슴살 양념을 만들어 손질한 닭고기에 30분 정도 재워둔다.

3 느타리와 대파는 닭고기와 같은 크기로 썰어 참기름, 소금, 후춧가루를 넣어 밑간한다.

4 꼬치에 닭고기, 느타리, 대파를 번갈아 끼운다.

5 달군 프라이팬에 기름을 두르고 노릇하게 익혀 낸다.

느타리닭산적은 밀가루와 달걀옷을 입혀 노릇하게 지져 내도 좋은데, 이때 느타리닭산적이 완성된 후 꼬치를 뺀 다음 상에 낸다.

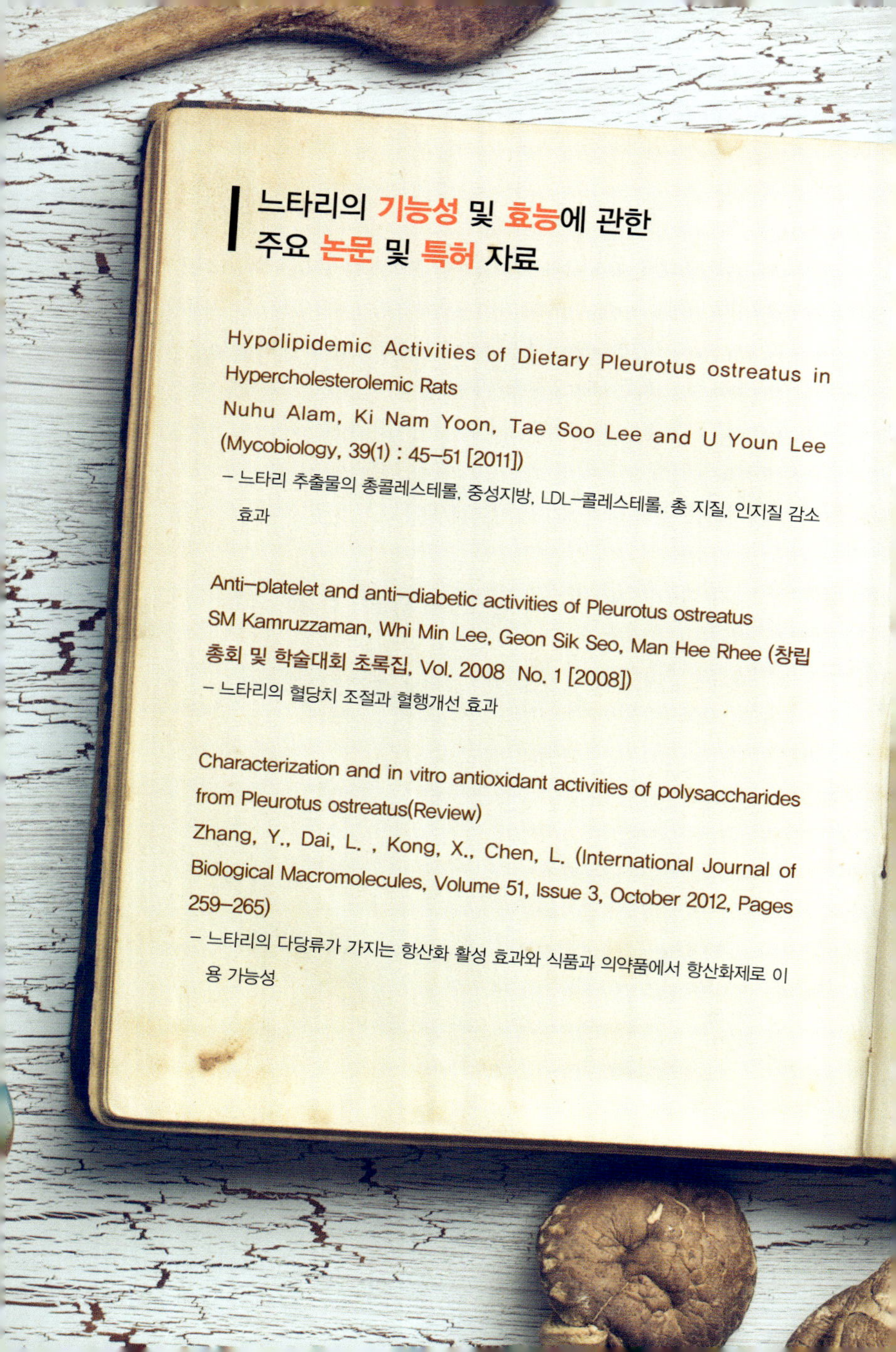

느타리의 **기능성** 및 **효능**에 관한 주요 **논문** 및 **특허** 자료

Hypolipidemic Activities of Dietary Pleurotus ostreatus in Hypercholesterolemic Rats
Nuhu Alam, Ki Nam Yoon, Tae Soo Lee and U Youn Lee (Mycobiology, 39(1) : 45-51 [2011])
 − 느타리 추출물의 총콜레스테롤, 중성지방, LDL−콜레스테롤, 총 지질, 인지질 감소
   효과

Anti−platelet and anti−diabetic activities of Pleurotus ostreatus
SM Kamruzzaman, Whi Min Lee, Geon Sik Seo, Man Hee Rhee (창립 총회 및 학술대회 초록집, Vol. 2008 No. 1 [2008])
 − 느타리의 혈당치 조절과 혈행개선 효과

Characterization and in vitro antioxidant activities of polysaccharides from Pleurotus ostreatus(Review)
Zhang, Y., Dai, L. , Kong, X., Chen, L. (International Journal of Biological Macromolecules, Volume 51, Issue 3, October 2012, Pages 259−265)
 − 느타리의 다당류가 가지는 항산화 활성 효과와 식품과 의약품에서 항산화제로 이
   용 가능성

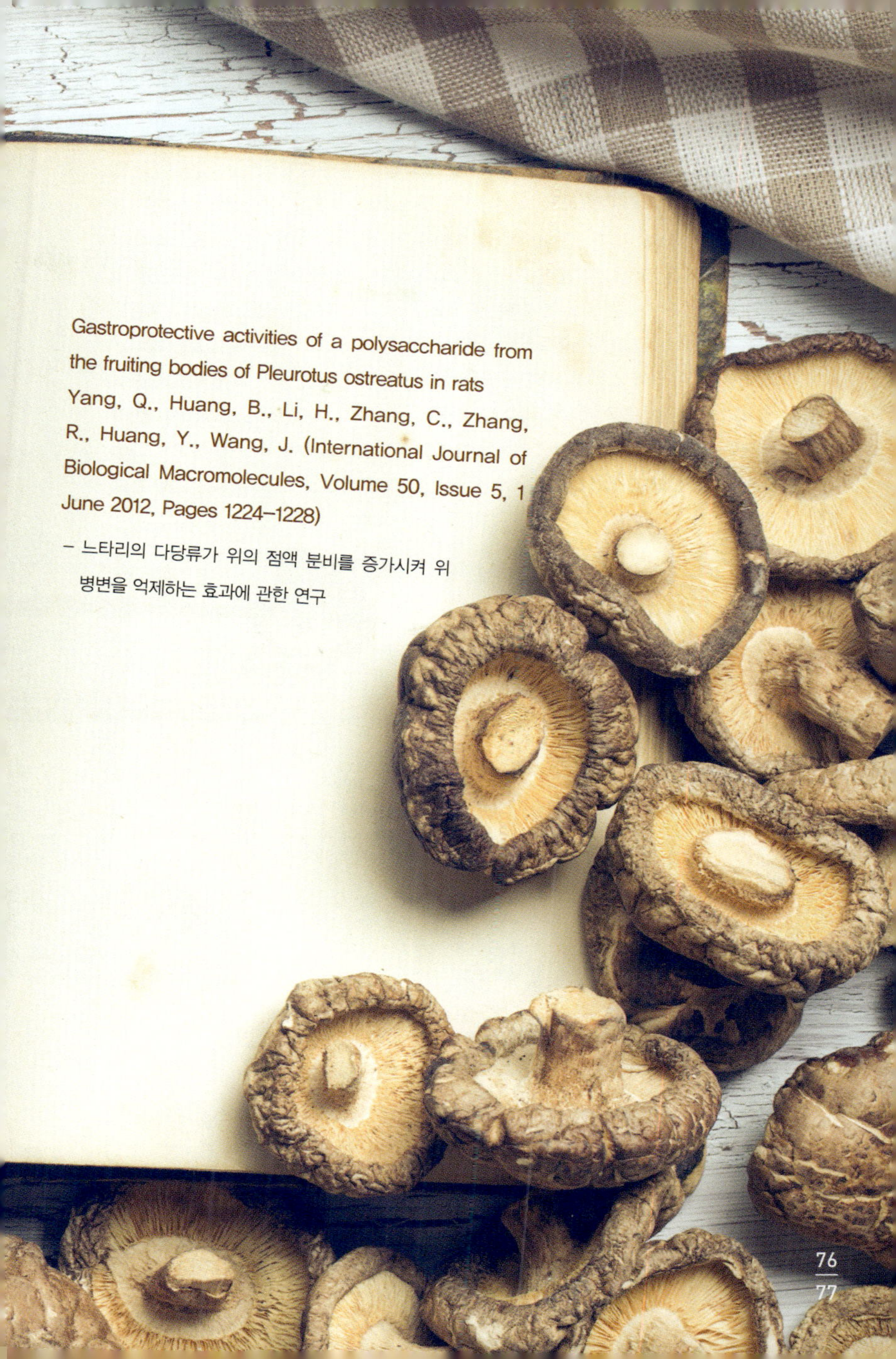

Gastroprotective activities of a polysaccharide from the fruiting bodies of Pleurotus ostreatus in rats
Yang, Q., Huang, B., Li, H., Zhang, C., Zhang, R., Huang, Y., Wang, J. (International Journal of Biological Macromolecules, Volume 50, Issue 5, 1 June 2012, Pages 1224–1228)

– 느타리의 다당류가 위의 점액 분비를 증가시켜 위 병변을 억제하는 효과에 관한 연구

표고는 갓의 벌어진 정도, 갓 표면의 균열, 육질의 두께에 따라 화고, 동고, 향고, 향신으로 나뉜다. 화고는 갓의 퍼짐이 거의 없고 육질이 두꺼우며, 향신은 갓이 가장 많이 벌어져 있고 얇다. 우리나라에서는 옛날부터 일능이, 이표고, 삼송이(또는 일송이, 이능이, 삼표고)라 하여 영양과 맛이 우수한 식용버섯으로 널리 이용되었다. 표고의 일반 성분은 단백질과 지방질, 당질이 많이 포함되어 있고 비타민 B1과 B2, 나이아신을 함유하며 비타민 B1, B2는 채소의 거의 두 배를 가지고 있는 반면 열량은 낮아 영양불균형을 해소할 수 있고 다이어트에도 좋다. 또한 항암, 항종양 다당체 물질인 렌티난(Lentinan)이 함유되어 있어 암 치료에 도움을 주며 현재 면역력 증가 및 암세포의 증식을 억제하는 의약품으로 개발되어 있다. 아울러 표고에는 에리타데닌(Eritadenine)이라는 성분이 있어 혈액 중의 콜레스테롤을 제거하고 혈압을 낮추는 작용을 하므로 고혈압 예방 효과가 있다. 에리타데닌은 마른 버섯을 물에 우려낼 때 녹아 나오므로 표고를 불릴 때 사용한 물은 버리지 말고 조리 등에 사용하는 것이 좋다.

표고

학 명	*Lentinula edodes* (Berk.) Pegler
분 류	주름버섯목 느타리과 표고속
분 포	한국 · 일본 · 중국 · 타이완
서 식	가을에 참나무류 · 밤나무 · 서어나무 등 활엽수에 발생하며 상수리나무, 졸참나무, 신갈나무 등의 원목을 이용해 재배한다. 최근에는 톱밥 배지를 이용한 재배로 사철생산이 가능해졌다.

표고 손질법

버섯 대는 떼어 내 말린 후 국물 낼 때 사용한다.

흐르는 물에 갓을 위로 하여 손으로 잡티와 먼지를 씻어 낸다.

두 손으로 손바닥을 이용하여 눌러 물기를 제거한다.

표고 보관법

키친타월에 느슨하게 싸서 채소보관함에 보관한다.

장기보관 시 버섯 대는 떼어 내고 젖은 행주를 이용하여 갓의 이물질만 가볍게 털어 낸다.

사용하기 편리하도록 썰어 통풍이 잘 되는 곳에 꾸둑꾸둑하게 말려 냉장고에 보관한다.

표고버섯어묵탕

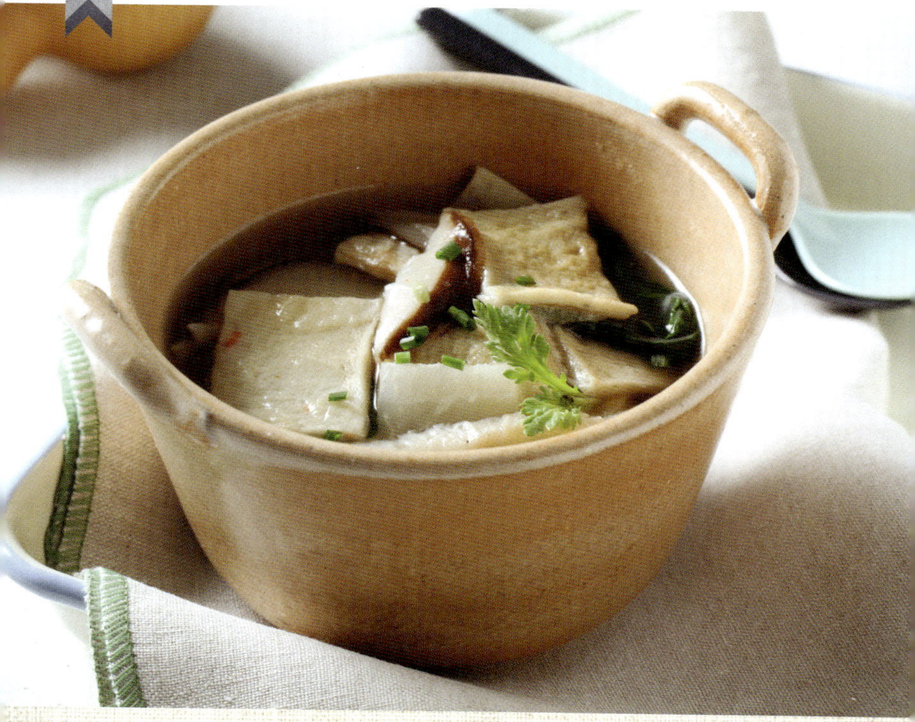

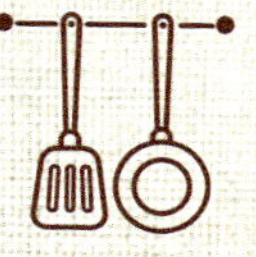

1인분

총열량	90kcal
총가열시간	60분
총조리시간	60분
주요요리도구	냄비

표고

재료 표고 25g, 어묵 30g, 청경채 8g, 대파 1.2g, 생강채 0.25g, 쑥갓 2.5g,
국간장 1mL, 청주 3.5mL, 조미술 2mL, 소금 1g, 흰 후추 0.03g

육수 물 300mL, 무 10g, 대파 5g, 멸치 5g, 다시마 0.5g, 통후추 0.1g

—

만드는 법

1 청경채는 2~4등분으로 갈라 끓는 물에 소금을 넣고 데쳐 찬물에 식힌 후 물기를 짠다.

2 표고는 기둥을 떼고 끓는 물에 소금을 넣고 데쳐 찬물에 식힌 후 얇게 포를 뜬다.

3 어묵은 한입 크기로 썰어 팔팔 끓는 물에 데쳐 기름기를 뺀 후 물기를 뺀다.

4 대파는 송송 썰고, 생강은 얇게 편으로 썰어 급게 채 썬다.

5 〈육수〉 멸치는 내장을 빼고 마른 팬에 말리듯이 볶은 다음 분량의 물과 무, 다시마, 통후추를 넣고 30분 정도 은근하게 끓인다.

6 육수에 있는 무는 건져서 도톰하게 썰고, 육수는 고운체에 거른다.

7 냄비에 육수와 국간장, 조미술, 청주를 넣고 잠시 끓이다가 어묵과 버섯, 청경채, 무를 넣고 은근하게 끓인 후 생강채와 대파를 넣고 소금과 후추로 간을 맞춘 다음 쑥갓을 넣는다.

표고버섯우거지된장국

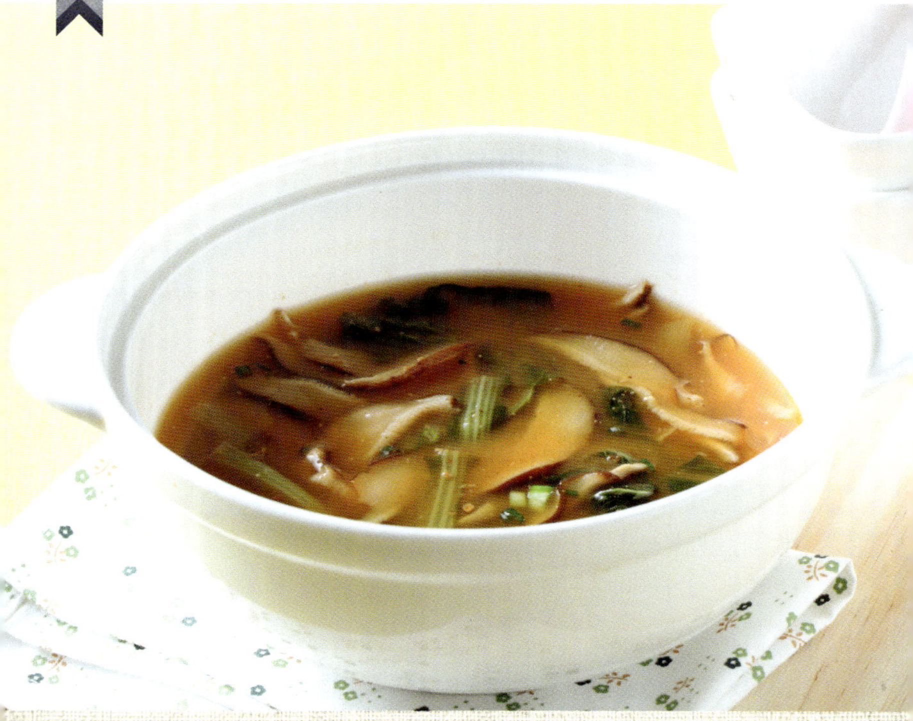

총열량 156kcal

총가열시간 50분

총조리시간 60분

주요요리도구 냄비

1인분

표고

 표고 35g, 얼갈이배추 35g, 들깻가루 5g, 된장 15g, 고추장 4g, 파 4g, 마늘 2g, 소금 0.4g, 멸치 육수 250mL

멸치 육수 물 300mL, 멸치 5g, 다시마 1.9g

—

만드는 법

1 표고는 기둥을 떼고 끓는 물에 소금을 넣고 데쳐 찬물에 식힌 후 얇게 채 썬다.

2 얼갈이배추는 밑동을 자르고 2~3등분으로 잘라 끓는 물에 소금을 넣고 데쳐 찬물에 헹군 후 물기를 꼭 짠다.

3 대파는 깨끗이 씻어 어슷하게 얇게 썰고, 마늘은 곱게 다진다.

4 〈육수〉 멸치는 내장을 빼고 마른 팬에 말리듯 볶은 후 분량의 물에 넣고 다시마를 넣어 은근하게 중불에서 30분 정도 끓인 후 체에 걸러 250mL 의 멸치 육수를 만든다.

5 냄비에 멸치 육수와 된장, 고추장, 들깻가루를 풀어 담고 얼갈이배추를 넣어 20분 정도 거품을 걷어 내며 끓이다가 표고를 넣고 중불로 낮추어 10분 정도 은근하게 끓인다.

6 파와 다진 마늘을 넣고 소금으로 나머지 간을 맞춘다.

표고버섯냉국

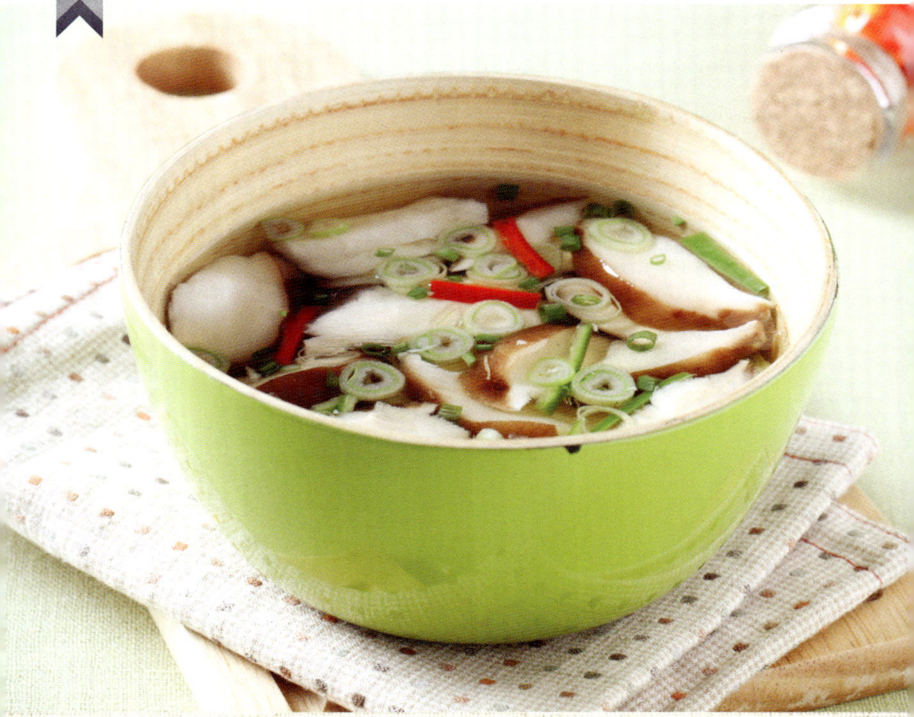

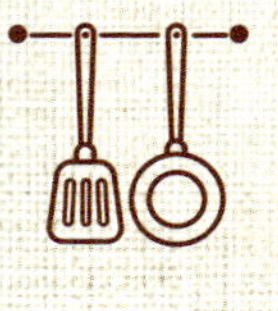

1인분

총열량 36kcal

총가열시간 15분

총조리시간 30분

주요요리도구 냄비

표고

  생표고 30g, 풋고추 1g, 홍고추 1g, 국간장 1mL, 대파 0.6g, 마늘 0.4g, 실파 0.5g, 통깨 0.3g

  물 200mL, 국간장 2.4mL, 소금 1.6g, 설탕 4.8g, 식초 9mL

만드는 법

1 대파는 잘게 썰고, 마늘은 곱게 다지고, 실파는 송송 썬다.

2 풋고추와 홍고추는 씨를 제거하고 2㎝ 길이로 잘라 곱게 채 썬다.

3 표고는 기둥을 떼고 끓는 물에 소금을 넣고 데쳐 찬물에 식힌 후 얇고 어슷하게 편으로 썰어 다진 마늘과 파, 국간장을 넣고 양념한다.

4 〈냉국〉 분량의 물에 국간장과 소금, 설탕을 넣고 팔팔 끓여 차게 식힌 후 식초를 섞는다.

5 양념한 표고에 풋고추와 홍고추, 냉국을 붓고 송송 썬 실파와 통깨를 뿌린다.

표고버섯볶음

1인분

총열량	137kcal
총가열시간	20분
총조리시간	30분
주요요리도구	프라이팬

표고

재료 표고 75g, 대파 5g, 마늘 5g, 쪽파 3.8g, 흥고추 3g, 쇠고기 육수 15mL, 간장 5mL, 청주 7.5mL, 참기름 3mL, 식용유 7.5mL, 소금 1g, 후추 0.1g

—

만드는 법

1 표고는 끓는 물에 소금을 넣고 데쳐 찬물에 식힌 후 얇게 채 썰어 가볍게 물기를 짠다.

2 대파와 마늘은 곱게 다지고, 쪽파는 송송 썰고, 홍고추는 3㎝ 길이로 채 썬다.

3 프라이팬에 식용유를 두르고 다진 마늘과 대파를 볶다가 버섯을 넣고 볶는다.

4 3에 청주와 간장, 홍고추를 넣고 볶으면서 육수를 넣고 촉촉하게 계속 볶는다.

5 맛이 어우러지게 볶아지면 소금과 후추로 간을 맞추고 쪽파와 참기름을 넣어 완성한다.

표고볶음골동면

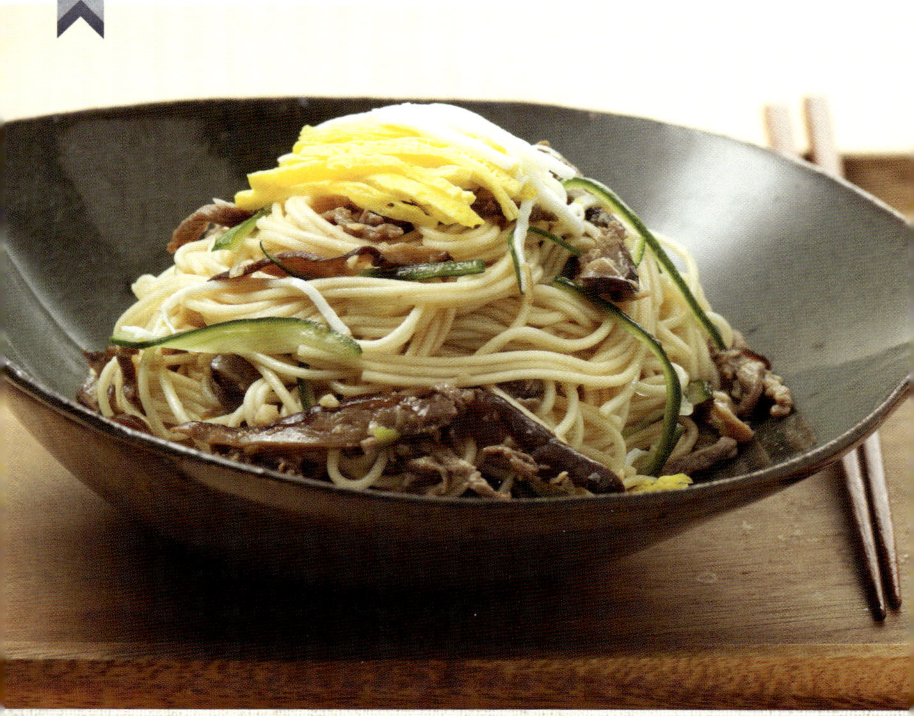

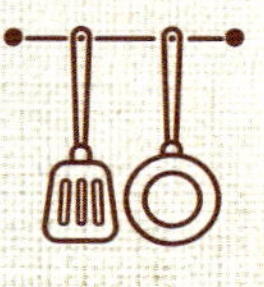

1인분

총열량 402kcal

총가열시간 30분

총조리시간 50분

주요요리도구 프라이팬, 냄비

표고

재료 국수 75g, 쇠고기(우둔) 25g, 마른 표고 10g(생표고 25g), 오이 35g, 달걀 25g

쇠고기·버섯 양념 간장 7.8mL, 설탕 3.8g, 참기름 3mL, 다진 파 3g, 다진 마늘 1.5g, 깨소금 1g, 후춧가루 0.1g

국수 양념 참기름 3mL, 간장 1mL, 설탕 1g

—

만드는 법

1 오이는 5㎝ 길이로 잘라 돌려 깎기 하여 채 썬다. 소금에 살짝 절였다가 물기를 꼭 짠다.

2 분량의 재료를 섞어 쇠고기·버섯 양념을 만든다.

3 마른 표고는 미지근한 물에 불려 가늘게 채 썰고 쇠고기는 0.3×5㎝로 채 썰어서 각각 쇠고기·버섯 양념으로 20분 정도 재워둔다.

4 달걀은 황백지단을 부쳐 쇠고기와 같은 길이로 채 썬다.

5 프라이팬에 기름을 두르고 오이, 쇠고기, 표고 순으로 각각 볶는다.

6 국수는 끓는 물에 소금을 넣고 삶아 냉수에 헹궈 건져서 그릇에 담고 참기름, 간장, 설탕으로 버무린다.

7 6에 오이, 표고, 쇠고기를 넣고 각각의 재료가 잘 섞이도록 버무린다.

8 접시에 완성된 골동면을 담고 그 위에 달걀지단을 얹어 낸다.

국수는 더 이상 불지 않게 참기름과 갖은 양념으로 먼저 버무린다. 잡채 대용으로 제공할 때에는 70g 이하로 제공한다. 쇠고기는 다진 쇠고기를 사용해도 좋다.

표고버섯닭고기강정

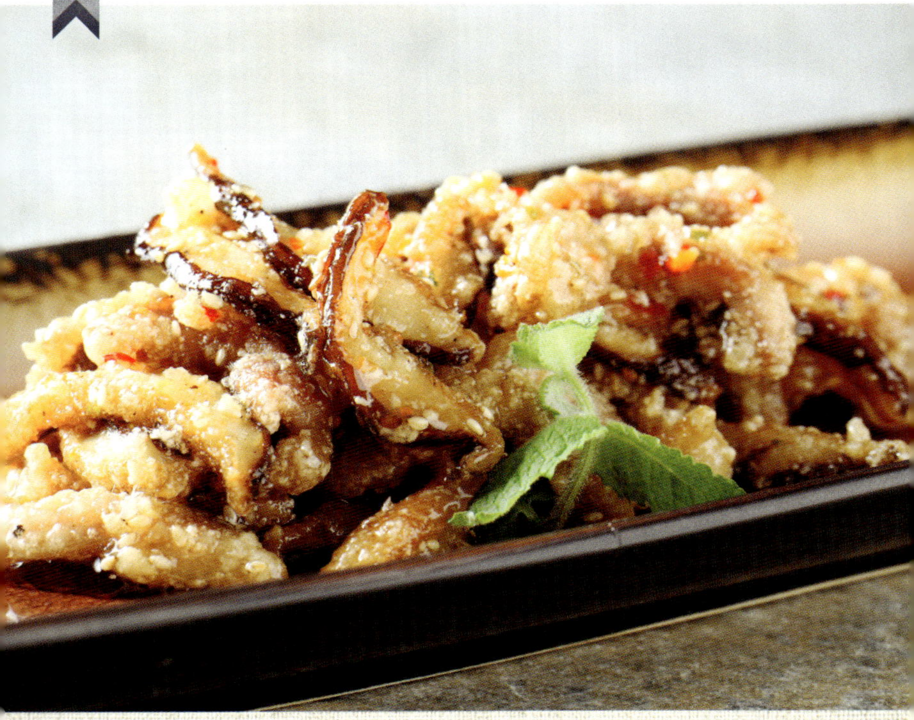

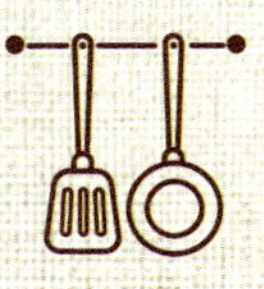

총열량	379kcal
총가열시간	40분
총조리시간	50분
주요요리도구	소스팬

표고

재료 생표고 40g, 닭다리살 40g, 찹쌀가루 24g, 소금 0.8g, 후추 0.08g, 실파 1g, 튀김유 200mL

소스 마늘 1.6g, 양파 1.6g, 당근 1.6g, 홍고추 1.6g, 풋고추 1.6g, 물엿 40g, 조청 28g, 물 20mL, 간장 1.6mL, 소주 1.6mL, 통깨 1g, 참기름 1mL, 땅콩버터 1g, 레몬즙 1mL, 후추 0.1g, 계피가루 0.1g

—

만드는 법

1 표고는 기둥을 떼고 1㎝ 폭으로 썬 다음 스금과 후추로 밑간을 한다.

2 닭다리살은 칼등으로 두드려 1㎝ 두께로 편 다음 5×1㎝로 썰어 소금과 후추로 밑간을 한다.

3 마늘, 양파, 당근, 홍고추는 쌀알 크기로 잘게 다지고, 실파는 송송 썬다.

4 〈소스〉 팬에 참기름을 두르고 다진 마늘, 양파, 당근, 고추를 넣고 볶은 후 나머지 분량의 재료를 넣고 15분 정도 걸쭉한 농도가 되도록 서서히 끓인다.

5 준비한 버섯과 닭다리살에 수분이 생기면 찹쌀가루를 골고루 묻혀 튀김 기름(180℃)에 바삭하게 튀기고 지나친 기름은 제거한다.

6 뜨거운 소스에 튀긴 버섯과 닭고기를 넣고 재빠르게 버무려 접시에 담고 통깨와 송송 썬 실파를 뿌린다.

표고양념구이

총열량 62kcal

총가열시간 15분

총조리시간 30분

주요요리도구 프라이팬, 소스팬

1인분

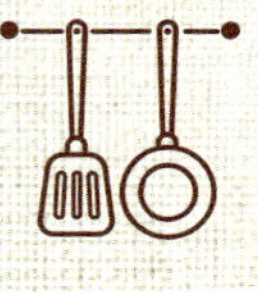

표고

재료 생표고 45g, 식용유 2.5mL

토마토 고추장 소스 토마토 페이스트 15g, 다진 양파 2g, 고추장 3.5g, 올리고당 1.5mL, 다진 마늘 1g, 물 70mL

—

만드는 법

1 생표고는 기둥을 떼고 끓는 물에 살짝 데친다.

2 소스팬에 식용유를 두르고 다진 양파와 다진 마늘을 넣어 볶다가 나머지 토마토 고추장 소스 재료를 넣고 걸쭉하게 될 때까지 끓인다.

3 1의 표고에 토마토 고추장 소스를 고루 펴 바른다.

4 달군 프라이팬에 기름을 두르고 표고를 구워낸다.

마른 표고로 만들 때에는 미지근한 물에 불려 물기를 꼭 짠 다음 조리하여야 나중에 양념이 겉돌지 않는다.

표고난자완스

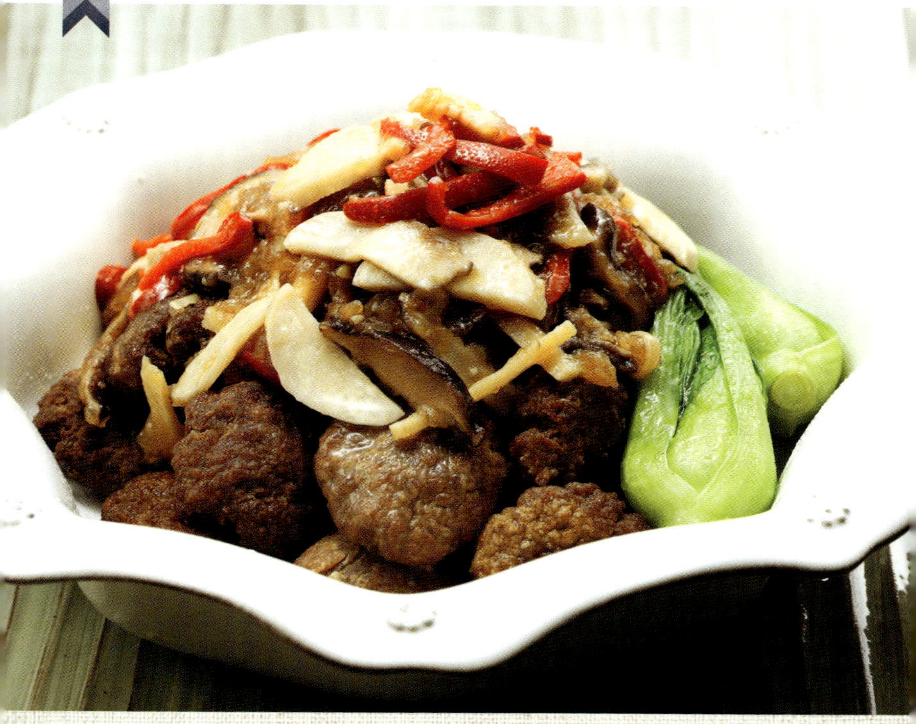

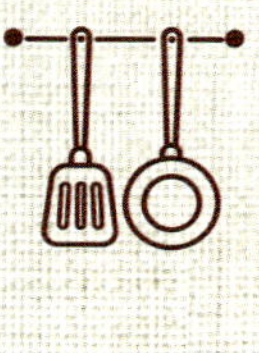

1인분

총열량 356kcal

총가열시간 30분

총조리시간 60분

주요요리도구 튀김솥, 소스팬

표고

재료   다진 쇠고기 90g, 마른 표고 10g, 새송이 10g, 죽순 10g, 청경채 15g, 홍고추 2.5g, 달걀 15g, 녹말가루 20g, 식용유 50mL

난자완스 소스   다진 파 3g, 다진 생강 3g, 다진 마늘 1g, 식용유 5mL, 청주 7.5mL, 간장 3.5mL, 굴소스 3.5mL, 설탕 1.5g, 물녹말 50mL(녹말가루 10g, 물 50mL), 참기름 1.5mL, 후춧가루 0.1g

---

만드는 법

1 다진 쇠고기에 달걀과 전분을 넣고 잘 섞이도록 치대어 반죽하여 한입 크기로 둥글고 납작하게 빚는다.

2 마른 표고는 미지근한 물에 불려 기둥을 떼어 내고 채 썬다.

3 새송이는 반으로 잘라 어슷 썬다.

4 홍고추는 반으로 잘라 어슷 썬 후에 물에 담가 씨를 제거한다.

5 청경채는 깨끗이 씻어 끓는 물에 소금을 넣고 살짝 데친다.

6 죽순을 살짝 데친 후에 길이대로 썬다.

7 쇠고기 완자를 160℃ 기름에 겉만 살짝 익을 정도로 튀긴다.

8 쇠고기 완자를 다시 납작하게 눌러 준 후 다시 노릇하게 튀긴다.

9 오목한 팬에 식용유를 두르고 파, 생강, 마늘을 볶아 향이 나면 청주와 간장을 넣고 거품이 날 때까지 볶아 준다.

10 9에 준비한 채소와 버섯을 볶은 후에 굴소스와 설탕으로 간을 한다.

11 10의 재료가 어느 정도 익으면 튀긴 쇠고기 완자와 청경채를 넣고 소스가 잘 섞이도록 볶다가 물녹말을 넣어 농도를 맞추고 참기름과 후춧가루로 마무리한다.

표고달걀말이

총열량	181kcal
총가열시간	15분
총조리시간	30분
주요요리도구	프라이팬

1인분

표고

—

만드는 법

1 마른 표고는 물에 불려 기둥을 떼어 낸 후, 잘게 다지고 양송이도 잘게
다진다.

2 큰 볼에 달걀을 풀어 달걀 양념을 섞은 후에 체에 내린다.

3 달군 프라이팬에 기름을 살짝 두르고 버섯을 각각 볶는다.

4 달군 사각 팬에 식용유를 두르고 달걀물으 1/3 정도를 부어 약간 겉면이
익으면 표고, 양송이, 피자치즈를 얹어 모양을 잡아가며 돌돌 만다.

5 달걀말이를 바깥쪽으로 밀은 후에 남은 달걀물을 조금씩 부어가며 돌돌
만다.

6 달걀말이가 완성되면 한 김 식힌 다음 2㎝ 폭으로 어슷하게 썰어서 담
는다.

달걀말이를 만들어 김발에 말아 냉장고에 넣고 식혔다가 썰면 모양이
흐트러지지 않고 예쁘게 잘 썰어진다.

표고영양밥

1인분

총열량	404kcal
총가열시간	30분
총조리시간	60분
주요요리도구	냄비

표고

만드는 법

1 멥쌀과 현미는 깨끗이 씻어 물에 30분 정도 불린다.

2 표고는 미지근한 물에 불려 물기를 꼭 짠 후에 굵게 다진다.

3 연근, 우엉, 당근은 깨끗이 씻어 껍질을 벗긴 후에 굵게 다진다.

4 고추 장아찌는 송송 썰어 양념장 재료와 한데 섞어 양념장을 준비한다.

5 냄비에 멥쌀, 현미, 표고, 연근, 우엉, 당근과 밥 양념을 넣고 밥을 짓는다.

6 뜸이 들면 주걱으로 뒤섞은 다음 그릇에 담아 양념장에 비벼 먹는다.

마른 표고는 미지근한 물에 불리는데, 물이 너무 많으면 표고의 맛과 향이
빠지므로 표고가 잠길 정도의 물이 적당하다. 미지근한 물어 설탕을 넣으면 빨리
불릴 수 있다. 생표고를 사용해도 좋다.

표고버섯돼지불고기

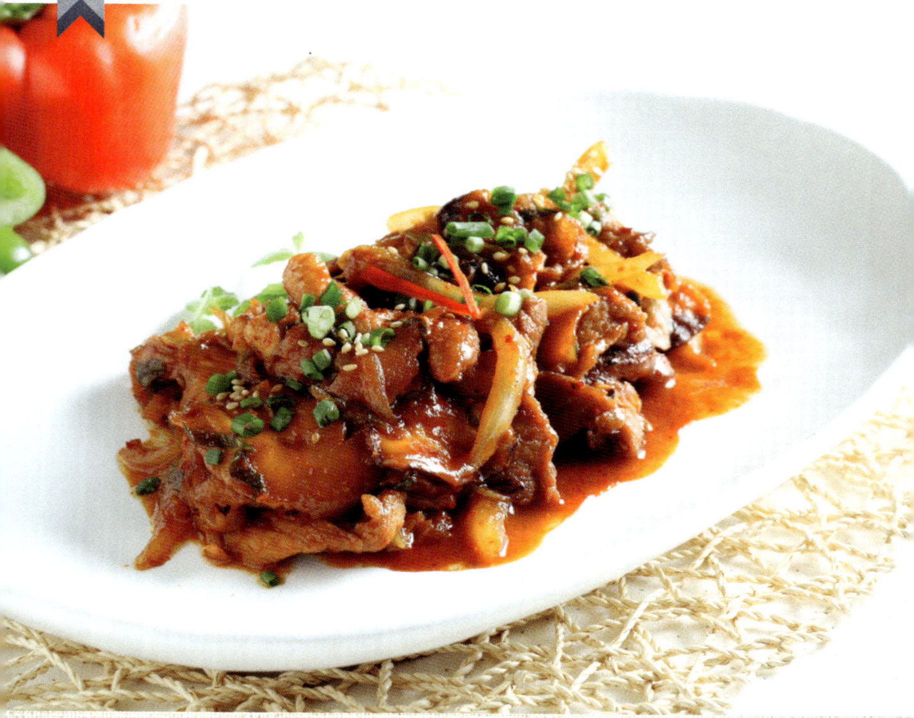

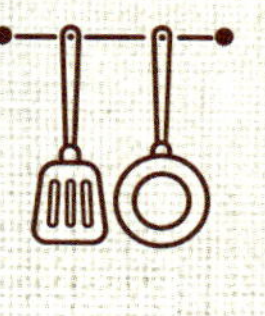

1인분

총열량	171kcal
총가열시간	15분
총조리시간	60분
주요요리도구	프라이팬

표고

재료 돼지고기(목삼겹살) 50g, 생표고 25g, 양파 20g, 대파 10g, 실파 2g,
식용유 2mL, 통깨 0.5g

양념 고추장 7.5g, 마늘 1.5g, 고춧가루 1g, 물엿 3.8mL, 청주 2mL, 간장 2mL,
깨소금 1g, 설탕 1.8g, 소금 0.9g, 후추 0.04g

—

만드는 법

1 돼지고기는 5×3㎝ 크기로 잘라 0.5㎝ 두께로 썬다.

2 표고는 기둥을 떼고 깨끗이 씻어 사선으로 납작납작하게 썬다.

3 양파는 1㎝ 폭으로 채 썰고, 대파는 0.5㎝ 폭으로 어슷하게 썬다.

4 실파는 송송 썰고, 마늘은 곱게 다진다.

5 〈양념〉 분량의 모든 재료를 혼합하여 양념장을 만든다.

6 1, 2, 3의 재료를 섞어 양념장을 넣고 버무려 30분 정도 재워 놓는다.

7 팬에 식용유를 둘러 달군 후 표고돼지불고기를 볶아 접시에 담고 실파
와 통깨를 뿌린다.

표고버섯가지찜

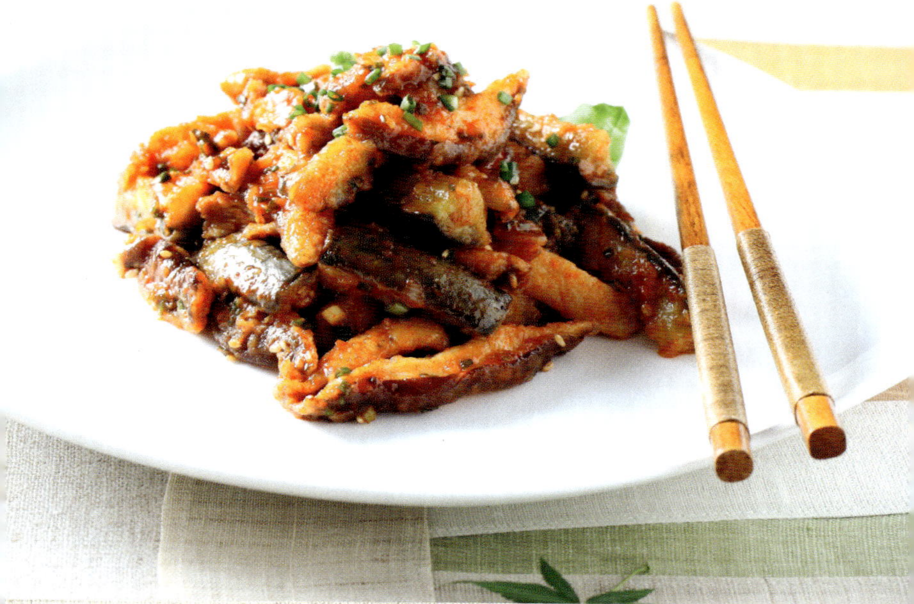

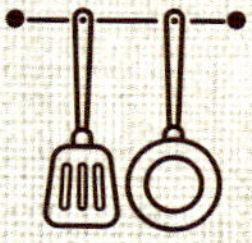

총열량 107kcal

총가열시간 10분

총조리시간 60분

주요요리도구 찜기

1인분

표고

재료 생표고 25g, 가지 25g, 밀가루 7g, 소금 1.4g, 물엿 10g

양념 파 2.3g, 마늘 1.4g, 고추장 5g, 간장 1.5mL, 물엿 2.5g, 깨소금 0.5g, 참기름 2mL

—

만드는 법

1 가지는 5㎝로 잘라 6~8등분으로 가르고, 표고는 기둥을 떼어 1㎝ 폭으로 썬 다음 소금과 물엿을 섞어 30분 정도 둔다.

2 파와 마늘은 곱게 다진다.

3 가지와 표고를 찬물에 헹궈 물기를 짠 후 밀가루를 고루 묻히고 여분의 가루는 털어 낸다.

4 찜기에 물을 붓고 센 불에서 끓어오르면 표고와 가지를 넣고 5분 정도 찐 다음 넓은 팬에 펼쳐 식힌다.

5 〈양념〉 분량의 모든 재료를 혼합하여 양념장을 만든다.

6 찐 버섯과 가지가 식으면 양념장을 넣고 골고루 버무린다.

표고새우찜

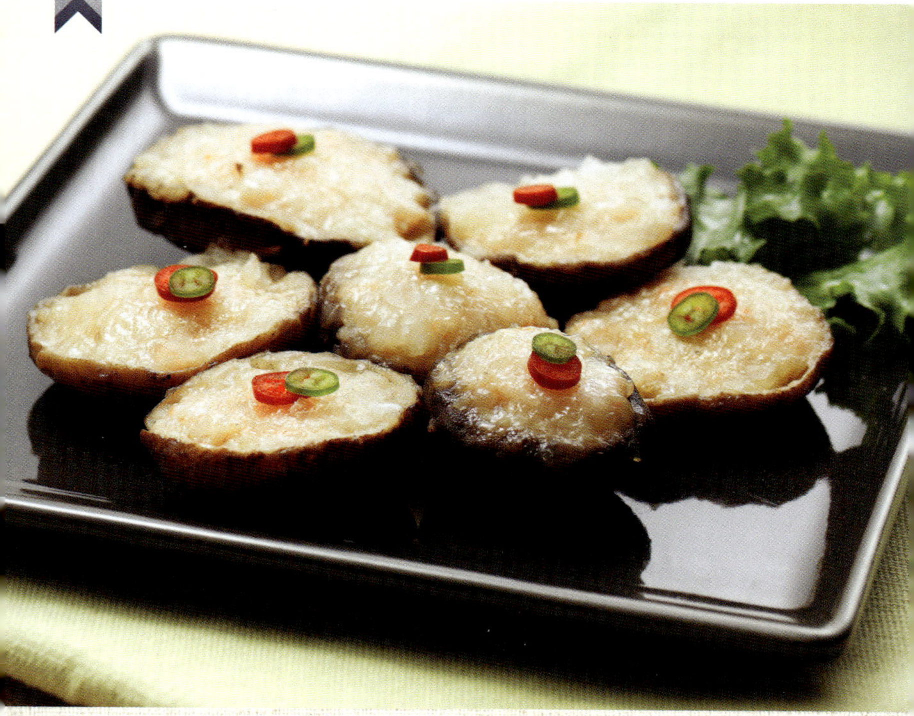

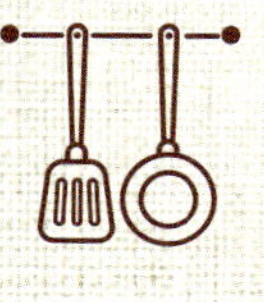

1인분

총열량 145kcal

총가열시간 15분

총조리시간 40분

주요요리도구 찜기

표고

 생표고 50g, 새우 다진 것 60g, 소금 0.8g, 후춧가루 0.1g, 참기름 1.8mL, 밀가루 15g, 전분 10g

—

만드는 법

1 생표고는 기둥을 떼고 깨끗이 씻어 마른 면보에 놓고 물기를 뺀다.

2 새우살은 곱게 다져 소금, 후춧가루, 참기름을 넣고 잘 반죽한 후에 밤톨만한 크기로 빚어 놓는다.

3 표고 안쪽에 밀가루를 묻히고 새우살을 얹어 동글납작하게 눌러 가면서 모양을 다듬은 후에 새우살이 있는 부분에 전분을 살짝 묻혀놓는다.

4 찜통에 물을 끓이고 물에 적신 면보를 찜기 위에 고루 펴놓은 후에 새우살이 위로 가도록 표고버섯을 놓고 15분가량 찐다.

5 새우가 익으면 불을 끄고 3분간 뜸을 들인 후 꺼내어 한 김 식혀서 접시에 담아낸다.

고명으로 풋고추와 홍고추를 송송 썰어 표고새우찜 위에 얹어도 좋다.

표고탕수

1인분

총열량　408kcal

총가열시간　35분

총조리시간　50분

주요요리도구　튀김솥, 프라이팬

표고

 생표고 70g, 양파 10g, 오이 10g, 당근 10g, 녹말가루 30g,
식용유 150mL, 소금 1g, 후춧가루 0.1g

탕수육 소스 올리고당 15mL, 백설탕 7.5g, 토마토케첩 15mL, 식초 15mL,
간장 5mL, 물녹말 5mL(녹말가루 5g, 물 5mL), 물 90mL

—

만드는 법

1 표고는 먹기 좋은 크기로 잘라 후춧가루와 소금으로 간을 하여 재워둔다.

2 양파와 당근은 $2 \times 2 \times 0.3$㎝ 크기로 썬다.

3 오이는 반달썰기 한다.

4 비닐봉투에 표고와 녹말가루를 넣고 위아래로 흔들어 골고루 섞은 후에
180℃의 기름에 노릇하게 튀긴다.

5 팬에 식용유를 두르고 양파, 당근, 오이를 센 불에서 볶다가 냄비에 물
을 붓고 설탕, 식초, 간장, 올리고당을 넣어 끓인다. 국물이 끓어오르면
물녹말과 토마토케첩을 넣어 소스를 만든 후에 표고탕수에 곁들인다.

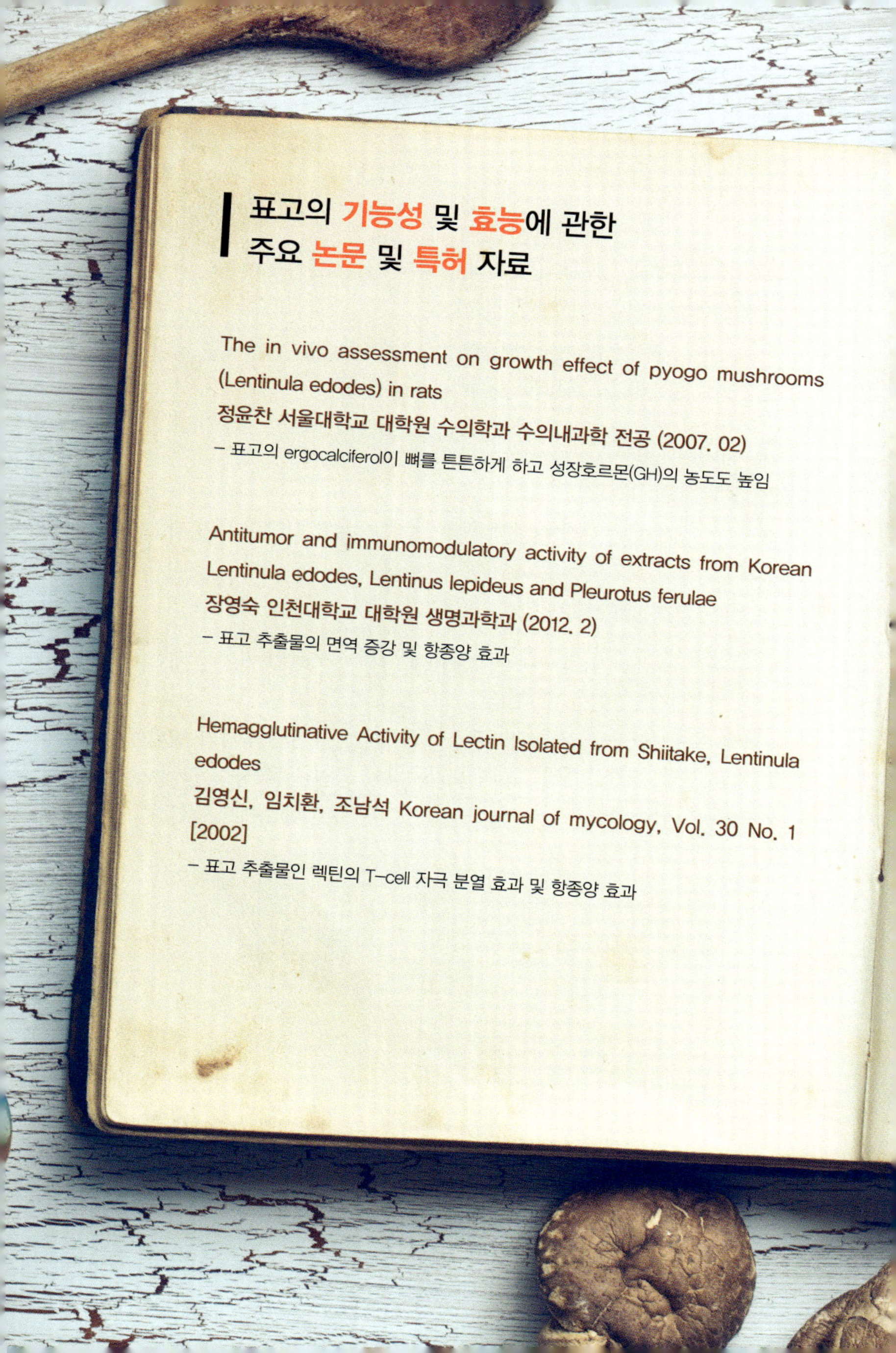

표고의 **기능성** 및 **효능**에 관한 주요 **논문** 및 **특허** 자료

The in vivo assessment on growth effect of pyogo mushrooms (Lentinula edodes) in rats
정윤찬 서울대학교 대학원 수의학과 수의내과학 전공 (2007. 02)
　－ 표고의 ergocalciferol이 뼈를 튼튼하게 하고 성장호르몬(GH)의 농도도 높임

Antitumor and immunomodulatory activity of extracts from Korean Lentinula edodes, Lentinus lepideus and Pleurotus ferulae
장영숙 인천대학교 대학원 생명과학과 (2012. 2)
　－ 표고 추출물의 면역 증강 및 항종양 효과

Hemagglutinative Activity of Lectin Isolated from Shiitake, Lentinula edodes
김영신, 임치환, 조남석 Korean journal of mycology, Vol. 30 No. 1 [2002]
　－ 표고 추출물인 렉틴의 T-cell 자극 분열 효과 및 항종양 효과

Direct cytotoxicity of Lentinula edodes mycelia
extract on human hepatocellular carcinoma cell
line(Biological and Pharmaceutical Bulletin, Volume
35, Issue 7, July 2012, Pages 1014–1021)
– 표고의 다당류가 사람의 간암세포(HepG20)의 사멸을 유도

우리나라에는 1995년경 도입되어 짧은 기간에 보급된 버섯으로 1997년에 큰느타리로 명명한 버섯이다. 상품명은 새송이이다. 일반명은 King Oyster Mushroom(왕굴버섯, 큰느타리)으로 톱밥을 주원료로 하는 병재배 방식으로 기른다. 갓은 연한 회색을 띠며 자실체의 균사조직이 치밀하여 육질이 뛰어나고, 대는 흰색이다. 질감이 자연산 송이와 비슷하여 새송이라고 이름 지어졌다. 수분 함량이 다른 버섯보다 적어서 저장 기간이 길다. 새송이는 비타민 C를 느타리의 7배, 팽이의 10배나 많이 함유하고 있다. 또한 비타민 B_6가 많이 함유되어 있고, 악성빈혈 치유인자로 알려진 비타민 B_{12}도 미량 함유되어 있다. 전당 함량이 높은 편이고, 조지방 함량은 표고의 2배이다. 필수아미노산 10종 가운데 9종을 함유하고 있으며, 칼슘과 철 등 신진대사를 원활하게 도와주는 무기질의 함량도 다른 버섯에 비하여 매우 높다.

새송이

학 명	*Pleurotus eryngii* (DC.) Quél.
분 류	주름버섯목 느타리과 느타리속
분 포	원산지는 남유럽 일대이며, 북아프리카 · 중앙아시아에도 분포
서 식	9~10월경 떡갈나무나 빗나무의 그루터기에 발생

새송이 손질법

갓을 위로 하여 흐르는 물에 살짝 씻는다.

소쿠리에 밭쳐 물기를 제거한다.

싱싱한 버섯은 2등분하여 결대로 세로로 잘라야 식감을 즐길 수 있다.

버섯은 작을수록 조직이 치밀하여 단단하고 쫄깃하다.

버섯이 물렁해졌거나 버섯 대가 변색되었으면 결대로 용도에 맞게 손질 후 소금물에 한소끔 데쳐 사용한다.

새송이 보관법

구입한 버섯은 즉시 냉장보관한다.

버섯을 신문지나 키친타월로 개별 포장한다.

밀폐용기에 개별 포장한 버섯을 넣고 냉장고에 보관한다.

오래 보관할 때는 먼저 2등분하여 용도별로 자르고 표면의 습기를 제거하기 위해 신문지를 깔고 하루쯤 말려 비닐봉투에 담아 냉동보관한다.

표면에 습기가 없으면 개체별로 잘 떨어져 사용이 편리하다.

버섯을 통째로 냉동하면 필요할 때 즉시 사용이 어려우며 질기다

새송이닭고기탕

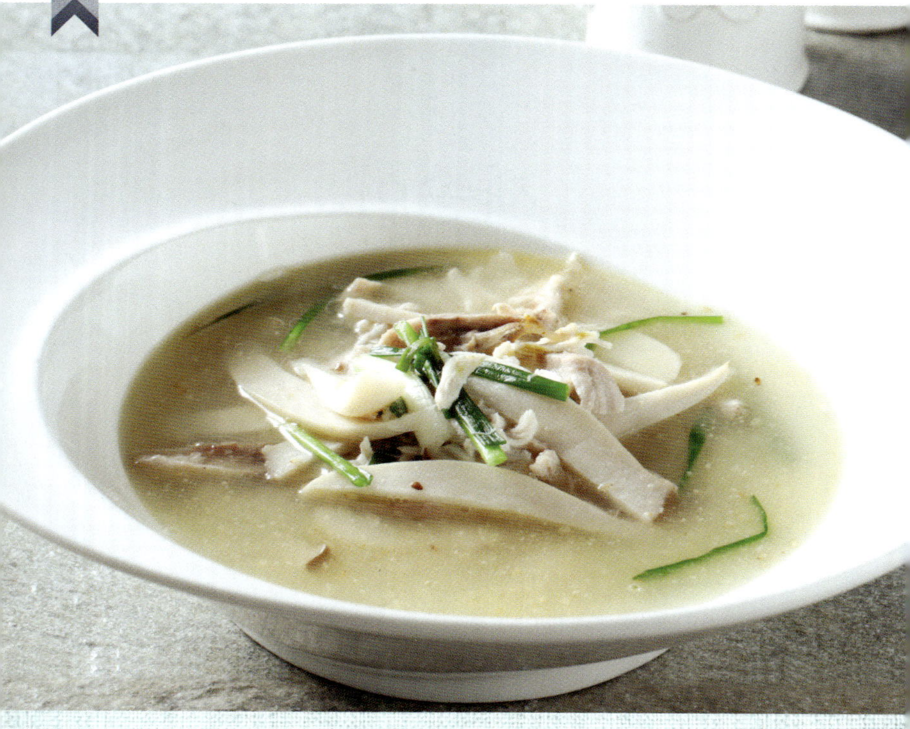

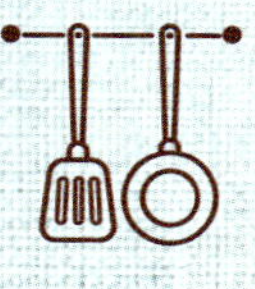

총열량	582kcal
총가열시간	1시간 20분
총조리시간	1시간 30분
주요요리도구	냄비

새송이

재료 새송이 60g, 닭 1/4마리(250g), 찹쌀 6.5g, 쪽파 20g, 마늘 5g, 대파 20g, 물 375mL, 통후추 1g, 월계수 1/4잎, 깨소금 1.9g, 참기름 3.8mL, 소금 2.2g, 후추 0.2g

—

만드는 법

1 찹쌀은 씻어서 불리고, 닭은 지방을 떼어 내고 깨끗이 씻는다.

2 새송이는 깨끗이 씻어 반을 자른 다음 길이로 얇게 썬다.

3 대파와 마늘은 깨끗이 다듬어 씻어놓고, 쪽파는 3cm 길이로 썬다.

4 냄비에 닭과 분량의 물을 붓고 거품을 걷어 내며 끓이다가 불을 약하게 줄이고 월계수 잎과 대파, 마늘, 통후추를 넣고 은근하게 35분 정도 삶는다.

5 닭이 부드럽게 익으면 살을 발라 가늘게 찢은 다음 약간의 소금과 깨소금, 참기름을 넣어 묻혀놓고, 국물은 고운체에 거른다.

6 냄비에 육수와 찹쌀을 넣고 15분 정도 끓이다가 버섯을 넣고 30분 정도 끓이면서 소금과 후추로 간을 맞추고 마지막에 쪽파를 넣어 잠시 더 끓인다.

7 그릇에 닭고기를 담고 국물을 붓는다.

새송이들깨된장국

1인분

총열량 107kcal

총가열시간 50분

총조리시간 60분

주요요리도구 냄비

새송이

재료 새송이 100g, 대파 10g, 된장 10g, 들깨 10g, 물 50mL, 쌀뜨물 300mL,
멸치 3g, 고춧가루 2g, 마늘 1.5g, 소금 0.9g, 후추 0.2g

—

만드는 법

1 새송이는 깨끗이 씻어 반을 가른 다음 길이로 얇게 썬다.

2 대파는 어슷하게 썰고 마늘은 곱게 다진다.

3 들깨와 물을 믹서에 곱게 갈아 냄비에 담고 쌀뜨물과 멸치, 된장을 풀어
30분 정도 끓인 후 체에 밭쳐 들깨 된장 육수를 만든다. (250mL)

4 냄비에 **3**의 육수와 버섯을 넣고 끓이다가 대파, 고춧가루, 마늘을 넣고
소금과 후추로 간한다.

미니새송이두부국

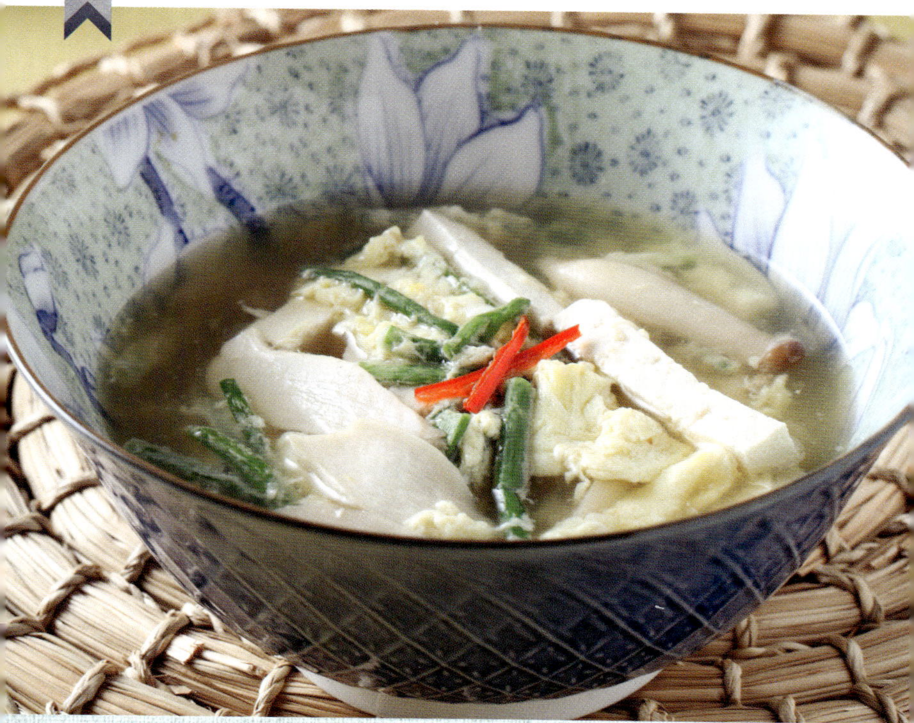

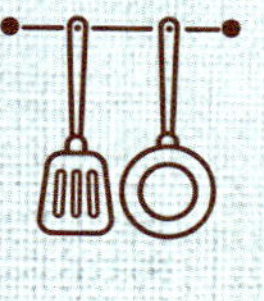

1인분

총열량 132kcal

총가열시간 40분

총조리시간 60분

주요요리도구 냄비

새송이

재료 미니새송이 40g, 두부 40g, 쇠고기 20g, 쪽파 10g, 밀가루 1.7g,

달걀 15g, 물 350mL, 국간장 1.5mL, 소금 1g, 참기름 2g

양념 국간장 2mL, 다진 마늘 0.8g, 후추 0.1g

—

만드는 법

1 미니새송이는 깨끗이 씻어 모양대로 얇게 썰고, 두부는 $3 \times 2 \times 0.8\,\text{cm}$ 정도로 썬다.

2 쇠고기는 두부와 같은 크기로 얇게 썬 다음 〈양념〉 국간장과 다진 마늘, 후추를 넣고 주물러 재운다.

3 쪽파는 깨끗이 씻어 4cm 길이로 썰고, 달걀은 풀어둔다.

4 냄비에 참기름을 둘러 달군 후 쇠고기를 넣고 볶다가 물을 붓고 활발히 끓어오르면 중불로 낮추어 30분 정도 은근하게 끓인다.

5 **4**에 버섯과 두부를 넣고 끓이다가 두부가 떠오르면 불을 약하게 낮춘다.

6 쪽파에 밀가루와 달걀을 묻혀 **5**에 넣고 간장과 소금으로 간을 맞춰 잠시 더 끓인다.

새송이된장찌개

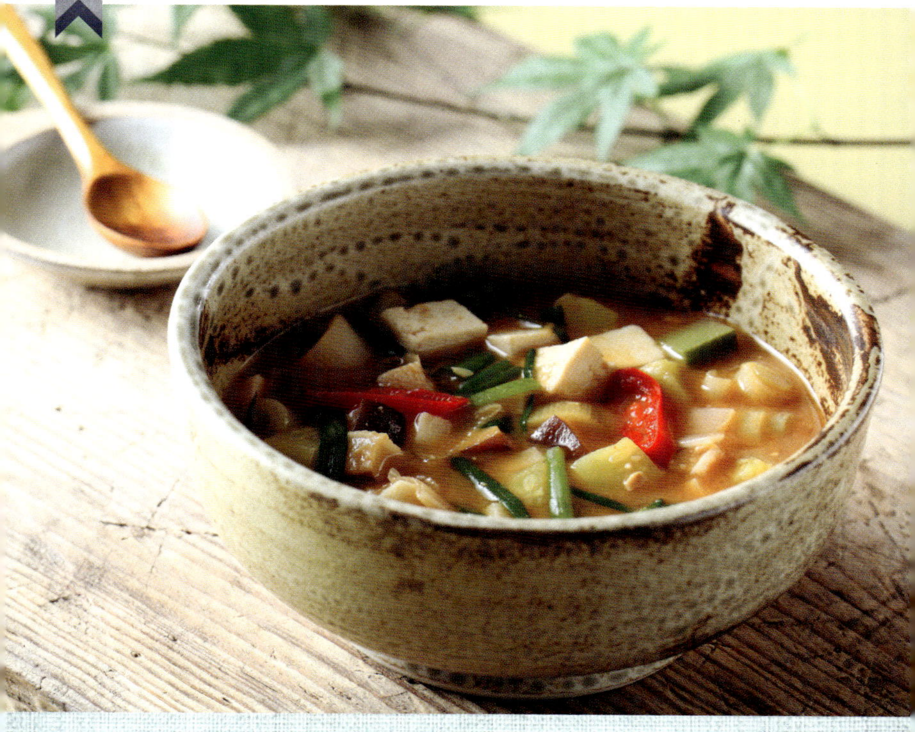

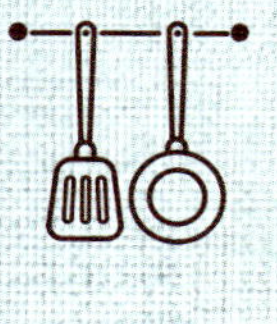

1인분

총열량	92kcal
총가열시간	55분
총조리시간	60분
주요요리도구	냄비

새송이

  새송이 27g, 표고 8.7g, 애호박 2.7g, 두부 13g, 풋고추 10g, 대파 13g, 마늘 2g, 쪽파 6.7g, 된장 23g, 고추장 4g, 고춧가루 0.3g, 후추 0.1g

  물 250mL, 멸치 6.7g, 다시마 1g

—

만드는 법

1 새송이와 표고는 깨끗이 씻어 사방 1㎝ 크기의 사각으로 썰고, 호박과 두부도 같은 크기로 썬다.

2 풋고추와 대파는 1㎝ 길이로 동그랗게 썰고, 마늘은 꼭지를 다듬어 칼등으로 으깬다.

3 쪽파는 3㎝ 길이로 썬다.

4 〈육수〉 멸치는 내장을 빼고 마른 팬에 말리듯이 볶은 후 물과 다시마를 넣고 30분 정도 은근하게 끓여 체에 거른다. (250mL)

5 멸치 육수에 된장과 고추장을 풀어 은근하게 끓이면서 거품을 걷어낸다.

6 **5**의 된장 육수에 **1**, **2**의 재료를 넣고 한소끔 끓인 후 고춧가루와 후추를 뿌리고 마지막에 쪽파를 넣어 완성한다.

새송이치즈소스조림

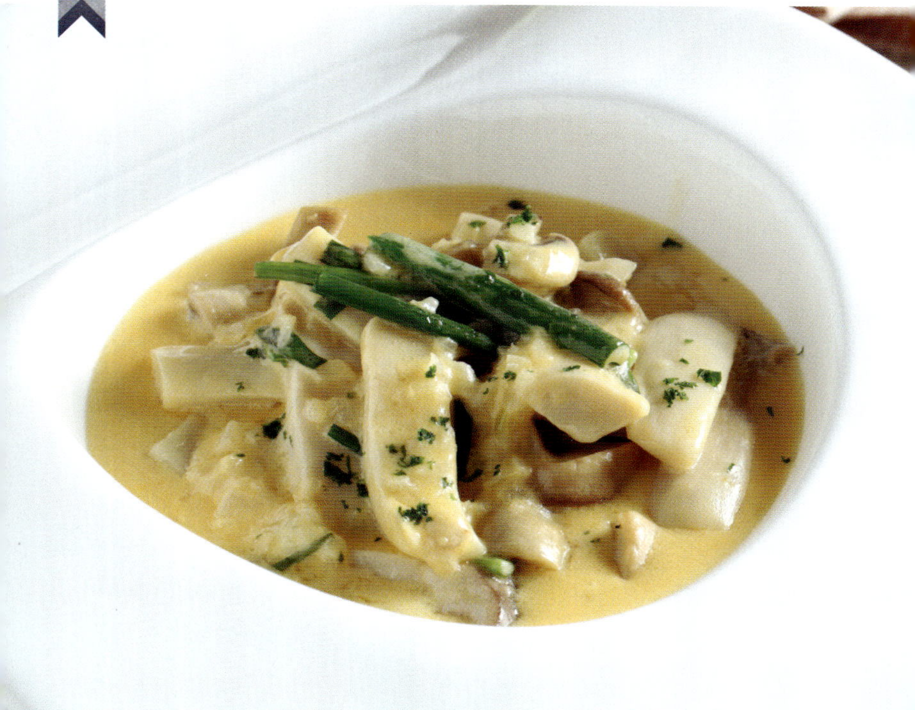

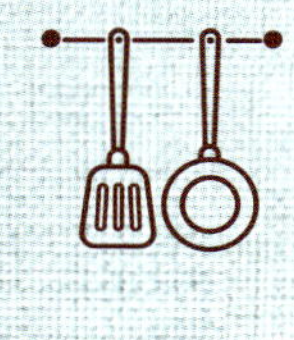

1인분

총열량 246kcal

총가열시간 30분

총조리시간 50분

주요요리도구 프라이팬, 냄비

새송이

재료 새송이 40g, 양송이 20g, 올리브유 7.5mL, 쪽파 3g, 마늘 4g, 마른 고추 2g, 바질 0.7g, 화이트와인 11mL, 소금 C.4g, 후추 0.2g

소스 각종 치즈 13g, 양파 7.5g, 버터 3.8g, 화이트와인 12.5mL, 육수 30mL, 생크림 25mL, 파슬리 0.5g, 소금 0.3g, 으깬 통후츠 0.1g

—

만드는 법

1 새송이는 깨끗이 씻은 후 2등분으로 잘라 4~6등분으로 쪼개고, 양송이는 4등분으로 자른다.

2 마늘은 칼등으로 으깨고, 쪽파는 3cm 길이로 썬다.

3 치즈와 양파는 잘게 다지고, 파슬리는 곱게 다진다.

4 〈소스〉 냄비에 버터를 두르고 양파를 투명하게 볶다가 화이트와인을 넣고 잠시 졸인다. 육수와 생크림을 넣고 걸쭉해질 때까지 졸이면서 치즈와 파슬리를 뿌리고 소금, 후추로 간한다.

5 팬에 올리브오일을 두르고 으깬 마늘과 마른 고추, 바질을 넣어 향을 낸 뒤 건더기를 건져 낸다. 버섯을 넣고 수분이 거의 증발하도록 볶은 후 쪽파와 와인을 넣고 졸이면서 소금과 후추로 간한다.

6 5의 버섯 볶음을 4의 소스에 넣고 맛이 어우러지게 졸여 접시에 담는다.

새송이매콤닭날개조림

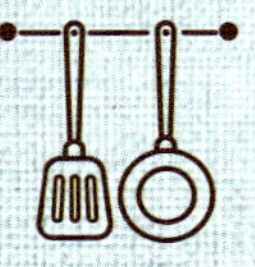

새송이

재료 닭날개 120g, 새송이 30g, 청양고추 3g

밑간 양념 핫소스 7.5mL, 생강즙 5mL, 청주 3.5mL, 소금 0.5g, 후춧가루 0.1g

조림장 간장 10mL, 설탕 10g, 맛술 10mL, 올리고당 5mL, 레몬즙 5mL,
참기름 3.5mL, 후춧가루 0.1g

—

만드는 법

1 닭날개에 군데군데 칼집을 낸 다음 20분 정도 밑간 양념에 재워둔다.

2 닭날개를 180℃ 오븐에 20분간 굽거나 김이 오른 찜통에 30분간 찐다.

3 새송이는 1.5㎝ 크기로 저며 썬다.

4 청양고추를 반으로 갈라 씨를 뺀 후에 잘게 썬다.

5 오목한 팬에 분량의 재료를 합하여 조림장을 만들어 국물이 반으로 줄
때까지 끓인다.

6 5의 소스에 닭날개를 넣고 국물이 반으로 줄어들 때까지 졸인다.

7 6에 새송이를 넣고 국물이 없어질 때까지 조린 후에 청양고추와 통깨를
뿌려 마무리한다.

새송이꽁치조림

새송이

 꽁치 1/2마리(87g), 새송이 25g, 표고 8g, 무 25g, 꽈리고추 7g,
생강 1.2g, 대파 10g

 설탕 1.8g, 조미술 25mL, 청주 25mL, 간장 13mL, 고운 고춧가루 0.5g,
카레가루 0.2g, 다시마 육수 50mL

—

만드는 법

1 꽁치는 내장과 머리를 잘라 내고 깨끗이 씻은 후 3~4등분하여 자르고,
새송이는 2등분으로 잘라 +자형으로 가른다.

2 무는 도톰하게 은행잎 모양으로 썰고, 표고도 4등분하여 은행잎 모양으
로 썬다.

3 꽈리고추는 꼭지를 떼고, 대파는 5㎝ 길이로 자르고, 생강은 얇게 슬라
이스한다.

4 냄비에 무와 버섯을 깔고 꽁치와 생강, 꽈리고추, 대파, 분량의 양념재
료를 넣어 은근하게 윤기가 나도록 자작하게 조린다.

생꽁치는 소금물에 씻어서 사용하고, 냉동 꽁치는 소금물에 1시간 정도
담가두었다가 사용한다.

미니새송이덮밥

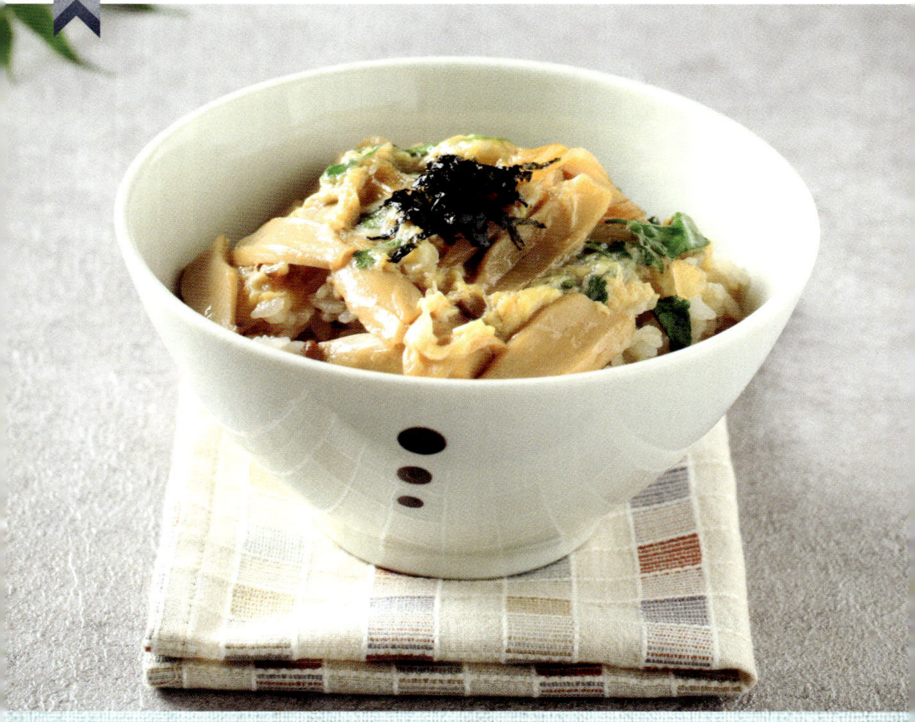

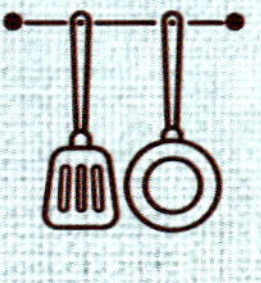

1인분

총열량 425kcal

총가열시간 25분

총조리시간 60분

주요요리도구 냄비

새송이

재료 미니새송이 30g, 양파 20g, 미나리 잎 1.5g, 달걀 1/4개(15g),
김 가루 0.2g, 밥 200g
육수 물 325mL, 가다랑어포 1.5g, 조미술 45mL, 진간장 30mL, 설탕 15g

—

만드는 법

1 미니새송이는 깨끗이 씻어 길게 모양대로 도톰하게 썬다.

2 양파는 반을 잘라 얇게 채 썰고, 미나리는 잎을 떼어 깨끗이 씻어놓는다.

3 달걀을 풀어 미나리 잎을 섞어놓는다.

4 〈육수〉 분량의 물을 불에 올려 활발히 끓어오르면 불을 끄고 가다랑어포를 넣어 30분간 두었다가 고운체에 걸러 낸다.

5 냄비에 육수(200mL)와 간장, 조미술, 설탕을 넣고 설탕이 녹을 정도로 잠시 끓인다.

6 5의 육수에 채 썬 양파와 미니새송이를 넣고 끓이다가 70% 정도 익었을 때 불을 약하게 줄인 후 달걀을 흘려 넣고 1분 정도 그대로 둔다.

7 각각의 그릇에 밥을 담고 그 위에 덮밥 소스를 국자로 떠서 나누어 붓고 김 가루를 뿌려 낸다.

버섯은 조리할 때 가능한 양념을 쓰지 않는 것이 좋다.

새송이스테이크덮밥

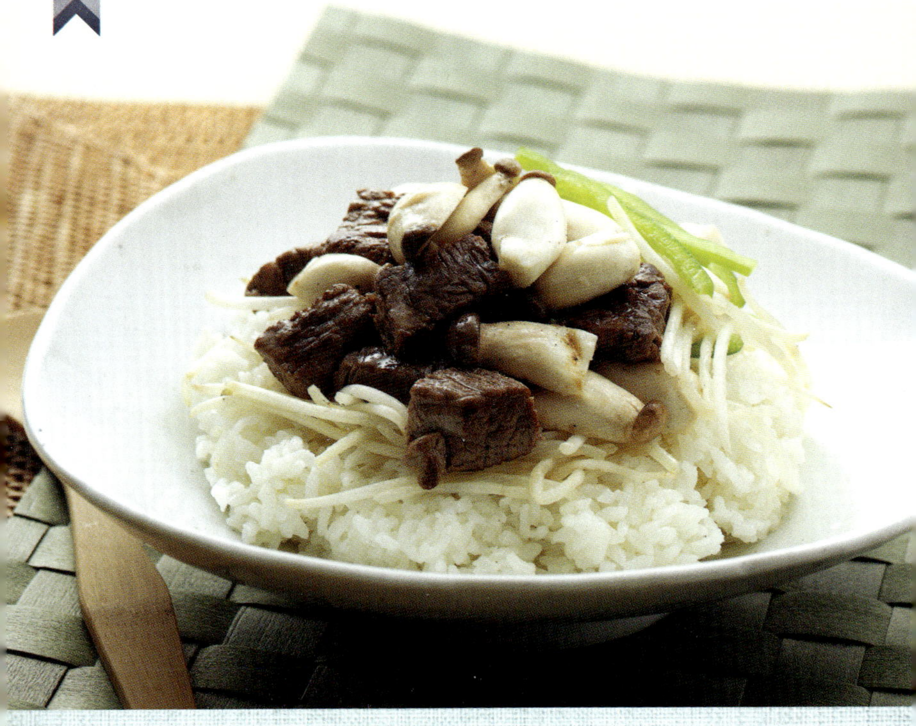

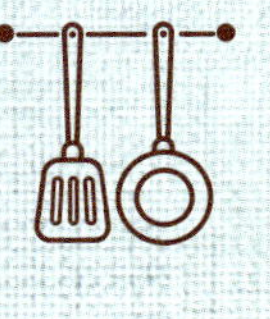

총열량 384kcal

총가열시간 20분

총조리시간 45분

주요요리도구 프라이팬, 냄비

새송이

재료 밥 180g, 쇠고기 70g, 미니새송이 40g, 숙주 40g, 피망 20g, 식용유 3.5mL, 버터 3.5g, 소금 1g, 후춧가루 0.1g

쇠고기 밑간 양념 적포도주 3.8mL, 소금 1g, 후춧가루 0.1g

데리야끼 소스 간장 7.8mL, 맛술 7.8mL, 적포도주 3.8mL, 설탕 3.8g, 물 3.8mL, 물녹말 1.5mL(녹말가루 1g, 물 1.5mL), 참기름 2mL, 다진 마늘 1g

—

만드는 법

1 쇠고기는 사방 2㎝ 크기로 썰어 쇠고기 밑간 양념에 30분 정도 버무려 둔다.

2 숙주는 머리와 꼬리를 다듬어 깨끗이 씻는다.

3 새송이는 깨끗이 씻어 작은 것은 그대로 쓰고 큰 것은 반으로 썬다.

4 피망은 5㎝ 길이로 굵게 채 썬다.

5 냄비에 데리야끼 소스 재료를 넣고 약한 불에서 걸쭉하게 될 때까지 끓인다.

6 달군 팬에 버터를 두르고 새송이를 볶다가 숙주와 피망을 넣고 소금과 후춧가루로 간하여 숨이 죽지 않을 정도로 살짝 볶는다.

7 쇠고기를 센 불에서 데리야끼 소스로 볶는다.

8 접시에 따뜻한 밥을 담고 구운 쇠고기와 볶은 채소를 얹어 낸다.

숙주 다듬기가 번거로우면 깨끗이 씻어 그대로 쓰거나 양파를 채 썰어 이용한다.

헝가리안식 미니새송이굴라쉬

1인분

총열량 385kcal

총가열시간 1시간 30분

총조리시간 1시간 50분

주요요리도구 냄비, 프라이팬

새송이

재료 쇠고기(우둔살) 75g, 미니새송이 75g, 양파 75g, 마늘 7.5g,
식용유 7.5mL, 토마토페이스트 15g, 파프리카 가루 8.9g,
쇠고기 육수 740mL, 캐러웨이 씨 0.3g, 월계수 잎 1/4개, 소금 3g, 후추 0.3g

—

만드는 법

1 쇠고기는 2㎝ 크기의 사각으로 썰고, 양파도 같은 크기로 썬다.

2 미니새송이는 굵은 것은 반을 갈라놓고, 마늘은 다진다.

3 팬에 식용유를 둘러 달군 후, 마늘과 쇠고기를 넣고 골고루 갈색이 나도록 볶다가 파프리카 가루(Paprika ground)를 넣고 잠시 더 볶아 냄비에 담고 육수를 부어 1시간 정도 은근하게 끓인다.

4 쇠고기를 볶은 팬에 양파와 버섯을 넣고 볶다가 캐러웨이 씨(Caraway Seed), 토마토페이스트를 넣고 잘 볶아 **3**에 넣고 뭉근한 불에서 걸쭉한 농도가 되도록 30분 정도 더 끓인다.

5 쇠고기가 연하게 익고, 소스의 농도가 맞으면 소금, 후추로 간하여 완성한다.

6 따뜻한 밥을 그릇에 담고 미니새송이굴라쉬를 얹어 담는다.

새송이버섯볶음

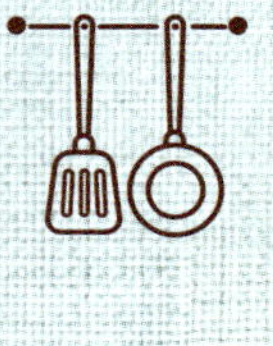

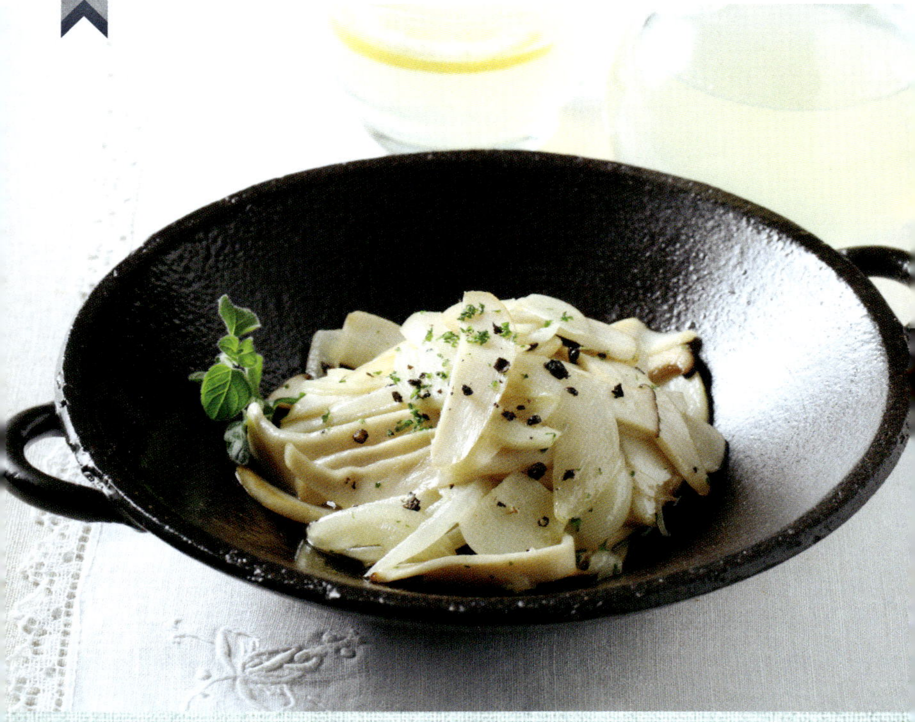

1인분

총열량 159kcal

총가열시간 15분

총조리시간 30분

주요요리도구 프라이팬

새송이

재료 새송이 50g, 양파 20g, 마늘 5g, 소금 0.8g, 으깬 통후추 1g,
화이트와인 7.5mL, 버터 10g, 들기름 5mL, 다진 파슬리 0.5g

—

만드는 법

1 새송이는 8~10㎝ 크기로 골라 깨끗이 씻은 후 반으로 갈라 길이로 얇게 썬 다음 약간의 소금을 뿌려둔다.

2 양파는 반을 갈라 곱게 채 썰고, 마늘은 꼭지를 다듬어 얇게 썬다.

3 팬에 버터와 들기름을 두르고 마늘과 양파를 은근하게 구수한 향이 나도록 볶다가 버섯을 넣고 볶으면서 통후추를 으깨 넣는다.

4 버섯이 볶아지면 와인을 넣고 잠시 졸여 접시에 담고, 다진 파슬리를 뿌린다.

새송이매운멸치볶음

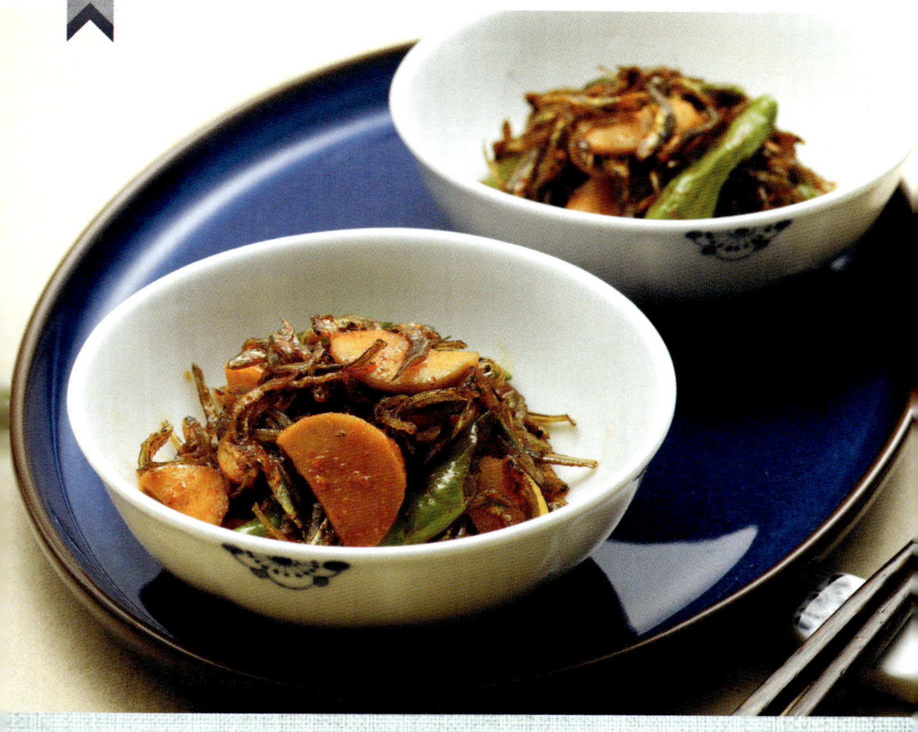

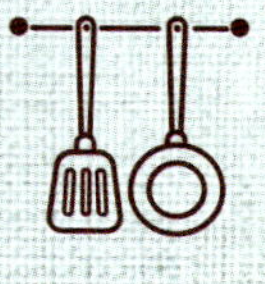

1인분

총열량 87kcal

총가열시간 10분

총조리시간 25분

주요요리도구 프라이팬

새송이

재료 새송이 20g, 볶음용 멸치(고바) 15g, 꽈리고츄 5g, 깐 마늘 2g, 통깨 1g

조림장 고추장 3.5g, 간장 3.5mL, 물엿 3.5mL, 맛술 2.5mL, 고춧가루 1.5g, 참기름 3.5mL, 물 20mL

—

만드는 법

1 새송이는 깨끗이 손질한 후에 어슷 썬다.

2 멸치는 머리와 내장을 제거한다.

3 꽈리고추는 이쑤시개로 구멍을 뚫어 끓는 둘에 소금을 넣고 살짝 데친다.

4 마늘은 도톰하게 편으로 썬다.

5 분량의 재료를 섞어 조림장을 만든다.

6 달군 팬에 기름을 두르지 않고 새송이를 물기만 제거될 정도로 살짝 볶은 후에 그릇에 따로 담는다.

7 달군 팬에 기름을 두르고 마늘을 넣고 볶다가 향이 나면 멸치를 넣고 볶는다.

8 멸치가 바삭하게 볶아지면 새송이와 꽈리고추를 넣고 조림장으로 고루 섞어 볶는다.

9 완성되면 통깨와 참기름을 넣고 마무리한다.

볶음 멸치(고바) 대신에 바삭하게 볶은 잔멸치(지리멸)에 견과류와 버섯을 넣고 볶아도 좋다.

새송이닭가슴살리조또

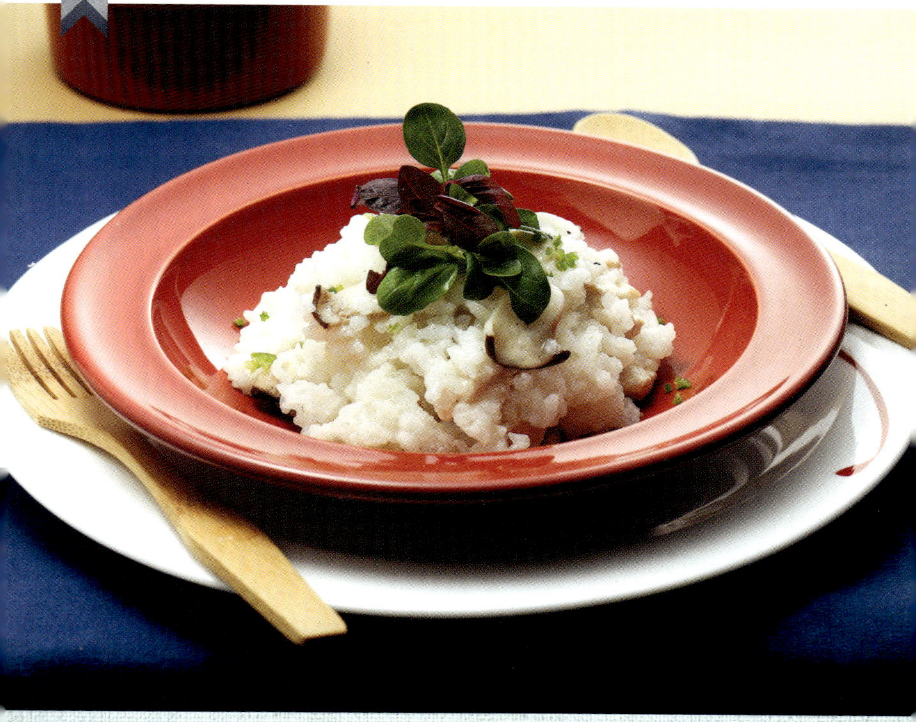

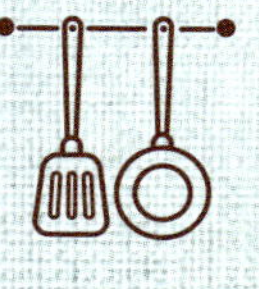

1인분

총열량 530kcal

총가열시간 30분

총조리시간 50분

주요요리도구 냄비

새송이

재료 쌀 90g, 닭가슴살 30g, 새송이 50g, 느타리 30g, 피망 10g,
파마산치즈 5g, 새싹채소 3g, 올리브유 5mL, 쇠고기 육수 150mL,
생크림 5mL, 참기름 2.5mL, 소금 2g, 후춧가루 0.1g

만드는 법

1 쌀은 깨끗이 씻어 30분간 물에 담가 불린 후에 체에 밭쳐 물기를 뺀다.

2 닭가슴살은 사방 1㎝ 크기로 썰어 소금과 후춧가루로 밑간한다.

3 새송이는 어슷 썰고, 느타리는 밑동을 자른 후에 굵게 찢는다.

4 피망은 잘게 다지고, 새싹채소는 지저분한 부분을 손질하여 깨끗이 씻는다.

5 파마산 치즈를 잘게 다진다.

6 두꺼운 냄비에 올리브유를 두르고 불린 쌀에 향이 배도록 볶는다.

7 6에 닭가슴살을 넣어 중불에서 볶다가 쌀알이 투명해지면 손질한 버섯과 쇠고기 육수를 넣어 가볍게 섞어가며 끓인다.

8 국물이 자작하게 줄어들면 다진 피망을 넣고 약한 불에서 계속 저어주면서 볶다가 다진 파마산치즈와 생크림을 넣고 잘 섞은 뒤에 참기름, 소금, 후춧가루를 넣어 간한다.

9 그릇에 완성된 리조또를 담고 그 위에 새싹채소를 올려준다.

미니새송이사과소스장아찌

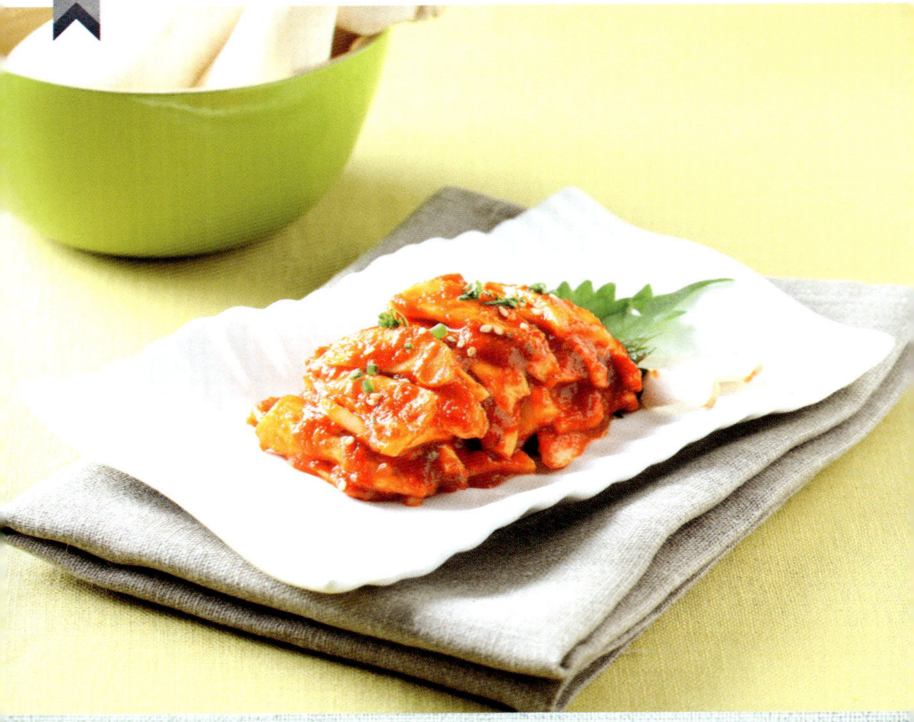

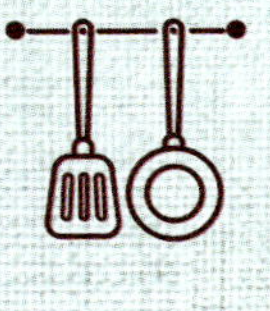

1인분

총열량 50kcal

총가열시간 15분

총조리시간 2시간 10분

주요요리도구 냄비, 강판

새송이

재료 미니새송이 25g, 소금 1g, 물엿 3.5g

양념장 사과 12g, 레몬즙 3mL, 고추장 13g, 물엿 1g

—

만드는 법

1 미니새송이를 깨끗이 씻어 도톰하게 썬 다음 소금과 물엿을 넣고 2시간 정도 재워둔다.

2 사과는 껍질과 씨를 제거해 강판에 곱게 갈고, 레몬은 즙을 짠다.

3 〈양념장〉 냄비에 곱게 간 사과와 물엿을 넣고 5분 정도 끓이다가 고추장을 넣고 6분 정도 볶은 다음 레몬즙을 넣고 잠시 더 끓여 차게 식힌다.

4 버섯을 체에 밭쳐 물기를 뺀 다음 양념장을 넣고 버무려 용기에 담고 하루 정도 맛을 들인다.

새송이버섯전

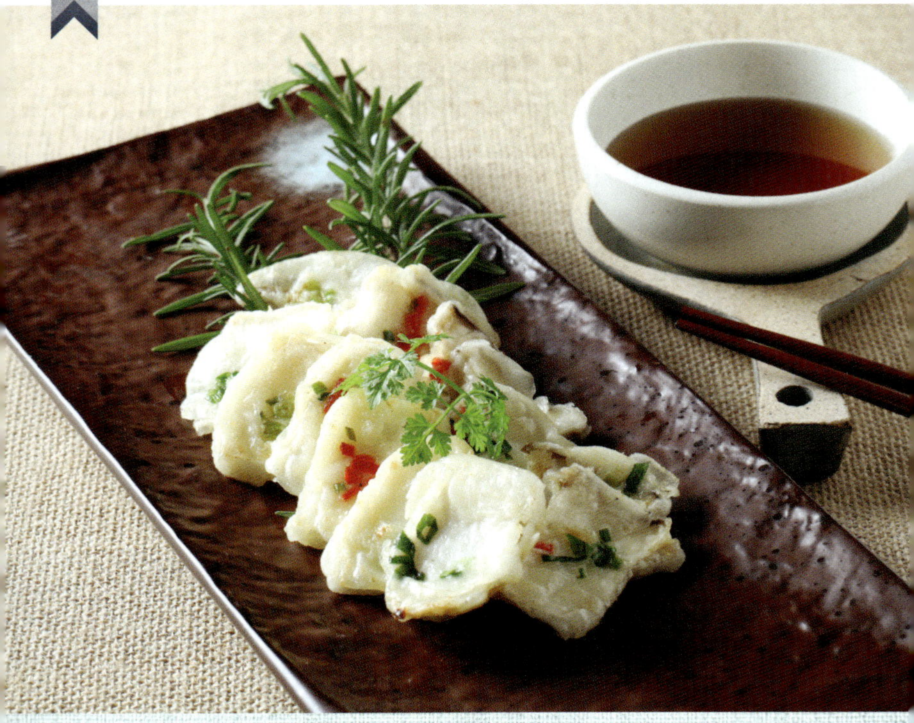

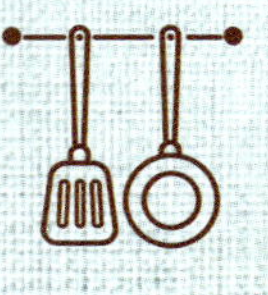

1인분

총열량 107kcal

총가열시간 20분

총조리시간 40분

주요요리도구 프라이팬

새송이

재료 새송이 35g, 밀가루 13g, 물 10mL, 달걀 5g, 소금 0.4g, 후추 0.1g, 식용유 3mL, 여분의 밀가루

초간장 간장 5mL, 식초 5mL, 물 5mL, 잣가루 1g

—

만드는 법

1 새송이는 깨끗이 씻어 가로로 2등분으로 자르고 세로로 도톰하게 썬 후 소금, 후추를 뿌려 간한다.

2 밀가루와 물, 달걀, 소금을 섞어 반죽을 한다.

3 새송이에 여분의 밀가루를 고루 묻힌 후 밀가루 반죽을 씌운다.

4 팬을 달구어 식용유를 두르고 **3**의 버섯을 올린 다음 불을 줄여 타지 않도록 앞뒤로 뒤집어가면서 노릇노릇하게 지진다.

5 초간장을 만들어 곁들인다.

RECIPE 16

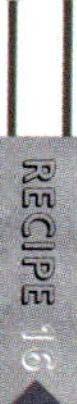

새송이토마토탕수

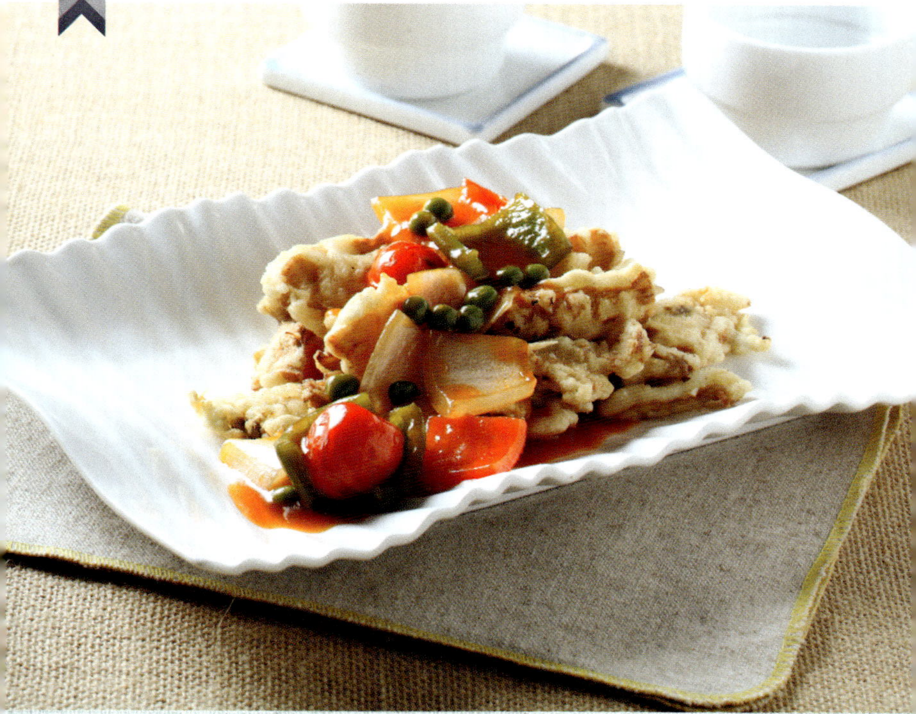

1인분

총열량 273kcal

총가열시간 15분

총조리시간 40분

주요요리도구 프라이팬

새송이

재료 새송이 50g, 녹말가루 30g, 달걀 10g, 체리트마토 8g, 피망 5g, 홍피망 5g, 양파 10g, 완두콩 1g, 식용유(튀김용) 50mL

소스 대파 2g, 생강 0.3g, 식용유(볶음용) 1.3mL, 스초 5mL, 간장 4mL, 물 45mL, 설탕 20g, 토마토케첩 13g, 물녹말 4.3g

—

만드는 법

1 새송이는 2등분으로 잘라 4~6등분으로 가른다.

2 대파는 어슷하게 썰고, 생강은 곱게 다진다.

3 체리토마토는 반으로 자르고, 양파와 피망은 큼직하게 사각으로 썰고, 완두콩은 삶아놓는다.

4 1의 버섯에 녹말가루와 달걀을 섞어서 튀김유(180℃)에 바삭하게 튀긴다.

5 팬에 식용유를 두르고 2, 3의 재료를 넣고 볶다가 간장, 식초, 물, 토마토케첩, 설탕, 물녹말을 넣고 소스를 만든다.

6 튀긴 버섯을 소스에 넣고 가볍게 섞어 접시에 담는다.

새송이의 **기능성** 및 **효능**에 관한 주요 **논문** 및 **특허** 자료

Physiological Activities of Extract from Edible Mushrooms. Choi, S.-J., Lee, Y. S., Kim, J.-K., Kim, J. K., Lim, S. S.. Journal of the Korean Society of Food Science and Nutrition [2010].
- 새송이가 면역활성(beta-glucan), 항산화물질(AGallate, Tannic acid, Catechin) 다량 보유

Effect of Dietary Supplementation of Pleurotus eryngii on Blood Lipid Profiles, Body Fat Deposition and Intestinal Microvilli Enzymes in Rats (Laboratory Animal Research, Vol. 25 No. 4 [2009])
- 새송이가 지질 대사와 탄수화물 대사에 관여하여 지방축적 억제 효과

Effects of mushroom, Pleurotus eryngii, extracts on bone metabolism (Clinical Nutrition, Volume 25, Issue 1, February 2006, Pages 166-170)
- 새송이가 해면골 무기질 밀도의 감소를 지연시켜 골다공증 완화 효과

Hypolipidemic effect of Pleurotus eryngii extract in fat-loaded mice. Mizutani, T., Inatomi, S., Inazu, A., Kawahara, E. (2010. Journal of Nutritional Science and Vitaminology. 56(1), 48-53.)
 - 새송이 열수 추출물의 비만인자 감소 효과

버섯 종류 중 세계적으로 많이 재배되고 있는 버섯 중의 하나이며 품종 또한 많다.
양송이는 갓의 색깔에 따라 크게 백색종, 갈색종, 크림색종으로 구분하고 있다. 양송
이 재배는 1650년경 프랑스 파리 근교에서 처음 시작되었으나 점차 유럽과 미국으
로 확대되었다. 우리나라에는 1960년대에 도입되었다. 흔히 버섯을 mushroom이라
고 하는데 유럽과 미국에서는 양송이를 대표하는 통칭으로 사용한다. 양송이는 암실
재배사, 터널 등에서 볏짚으로 균상을 만들고 흙을 덮어 재배하며 충남 부여, 경주
건천 등지에서 많이 생산되고 있다. 양송이는 단백질의 구성물질인 아미노산을 풍부
하게 함유하고 있어, 양질의 단백질 공급이 가능한 버섯이다.

양송이

<table>
<tr><td>학 명</td><td>Agaricus bisporus (J. E. Lange) Imbach</td></tr>
<tr><td>분 류</td><td>주름버섯목 주름버섯과 주름버섯속</td></tr>
<tr><td>분 포</td><td>유럽원산으로 북반구 온대지역에 주로 분포</td></tr>
<tr><td>서 식</td><td>여름~가을에 풀밭, 퇴비더미 주위에 군생</td></tr>
</table>

양송이 손질법

깨끗한 물에 담가 버섯갓에 묻은 흙이나 잡티를 제거한다.
소쿠리에 밭쳐 물기를 제거한다.
버섯 밑동은 칼로 깨끗이 자른다.
생버섯을 사용할 때는 버섯 대가 위로 향하게 뒤집어 살짝 잡고 과도로 갓의 끝 부분부터 밑으로 내려가며 겉껍질을 벗겨 내고 사용한다.

양송이 보관법

변색이 빨라 보관이 쉽지 않다.
사용하고 남은 버섯은 키친타월로 싸서 밀폐용기에 넣어 냉장고에 보관한다.
갓이 퍼지고 주름살의 색택이 연갈색에서 짙어지면 요리 후에 검은 물이 나오므로 버린다.

양송이수프

1인분

총열량	250kcal
총가열시간	35분
총조리시간	40분
주요요리도구	냄비

양송이

—

만드는 법

1 양송이를 깨끗이 씻어 물기를 뺀 뒤 얇게 썬다.

2 양파는 쌀알 크기로 잘게 썰어놓는다.

3 팬에 버터 1/2을 녹인 후 양파를 색이 나지 않게 볶다가 양송이를 넣고 충분히 볶는다.

4 **3**의 내용물에 육수와 우유, 처빌(chervil)을 넣고 15분 정도 은근하게 끓인다.

5 **4**를 믹서에 곱게 간 뒤 생크림을 넣고 7분 정도 은근하게 끓이면서 소금, 후추로 간한다.

6 불을 약하게 줄여 남은 조각 버터를 넣고 나무주걱으로 부드럽게 저어 녹인다

6의 과정에서 불을 최대한 약하게 줄인 후 조각 버터를 넣고 나무주걱으로 버터가 완전히 녹을 때까지 저어주어야 지방이 수분에 흡수되어 분리되지 않는다.

양송이홍합조림

양송이

재료 양송이 27g, 홍합살(냉동) 20g, 마늘종 7g, 홍고추 1g

조림장 대파 1.7g, 마늘 2.5g, 생강 1.3g, 간장 4.2mL, 맛술 2.5mL, 물엿 2.5g, 참기름 1.3mL, 후추 0.1g

—

만드는 법

1 양송이는 4등분으로 자르고, 마늘종은 깨끗이 씻어 3㎝ 길이로 썰고, 홍고추도 3㎝ 정도로 곱게 채 썬다.

2 홍합은 뿌리를 다듬고 엷은 소금물에 깨끗이 씻어 물기를 뺀다.

3 〈조림장〉 대파는 1㎝ 길이로 자르고, 마늘과 생강은 얇게 썰어 냄비에 담고, 나머지 분량의 재료를 넣어 은근하게 걸쭉한 농도가 되도록 중간불에서 끓인다.

4 조림장에 버섯을 넣고 숨이 죽도록 끓이다가 홍합과 마늘종, 홍고추를 넣어 윤기나게 조린다.

RECIPE 03

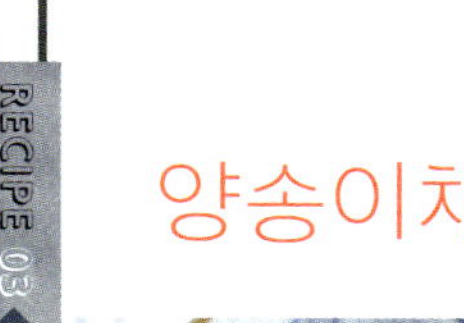

양송이채소덮밥

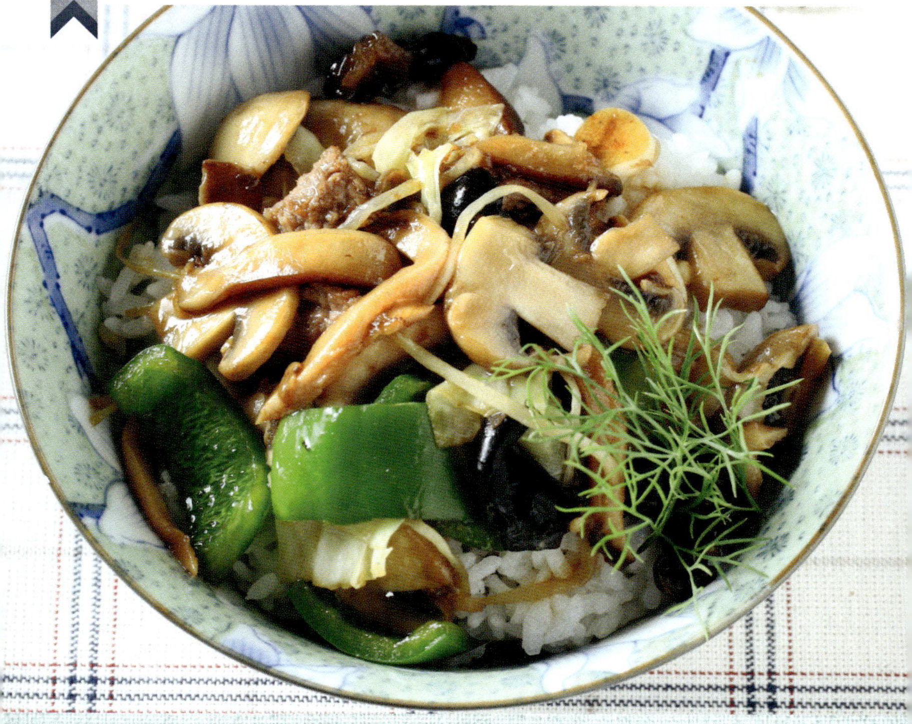

1인분

총열량	397kcal
총가열시간	10분
총조리시간	30분
주요요리도구	프라이팬

—

만드는 법

1 양송이와 표고는 깨끗이 씻어 얇게 썰고, 목이는 물에 불려 뿌리 쪽을 다듬고 한 잎씩 떼어 주물러 씻는다.

2 양배추는 6×2㎝의 골패형으로 썰고, 피망도 씨를 뺀 후 같은 크기로 썬다.

3 숙주는 머리와 꼬리를 다듬어 깨끗이 씻고, 마늘은 얇게 저며 썬다.

4 돼지고기는 양배추와 같은 크기로 얇게 썬다.

5 팬에 식용유를 넣고 달군 후 돼지고기와 마늘을 넣고 볶으면서 조미술을 넣는다.

6 돼지고기가 색이 나게 볶아지면 **1**, **2**, **3**의 재료를 넣고 볶으면서 굴소스와 간장, 참기름, 후주로 간을 하여 윤기나게 볶는다.

7 개개의 그릇에 밥을 담고 버섯 볶음을 올려 담는다.

볶을 때 채소에서 수분이 나와 촉촉한 상태로 볶는다.

양송이된장두부덮밥

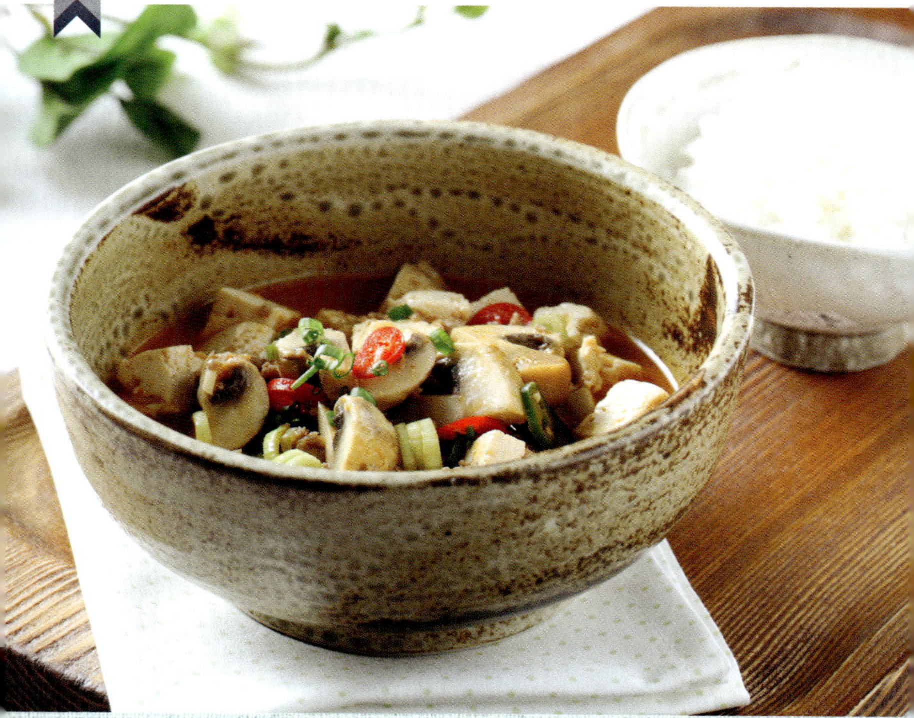

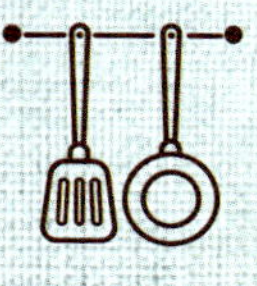

1인분

총열량 479kcal

총가열시간 20분

총조리시간 30분

주요요리도구 프라이팬, 냄비

양송이

재료 양송이 50g, 두부 50g, 다진 돼지고기 25g, 대파 10g, 풋고추 5g,
홍고추 3g, 참기름 4mL, 청주 8mL, 된장 17g, 고추장 6.8g,
다시마 육수 125mL, 마늘 2.5g, 생강 1g, 밥 180g

—

만드는 법

1 양송이는 깨끗이 씻어 4등분으로 썰고 두부는 사방 2㎝ 크기의 주사위 모양으로 썬다.

2 대파, 홍고추, 풋고추는 동그랗게 얇게 썰어 씨를 털고, 생강과 마늘은 곱게 다진다.

3 분량의 다시마 육수에 된장과 고추장을 풀어 고운체에 거른다.

4 팬에 참기름을 두르고 다진 생강과 돼지고기를 먼저 볶다가 양송이를 넣고 엷은 갈색이 나도록 볶은 뒤 청주를 넣고 잠시 더 볶는다.

5 4에 된장 육수와 두부를 넣고 끓이면서 대파, 고추, 마늘을 넣어 맛이 어우러지도록 끓인다.

6 따뜻한 밥을 그릇에 담고 소스를 끼얹는다.

양송이카레

1인분

총열량	271kcal
총가열시간	50분
총조리시간	60분
주요요리도구	프라이팬, 냄비

양송이

재료 양송이 71g, 쇠고기 35g, 감자 35g, 당근 17g, 양파 3.5g,
다진 마늘 3.5g, 밀가루 3.5g, 카레가루 3.5g, 버터 7g, 쇠고기 육수 240mL,
설탕 0.2g, 소금 1.4g, 후추 0.1g, 식용유 5.4mL

—

만드는 법

1 양송이는 4등분으로 썰고, 새송이와 감자, 당근, 양파, 쇠고기는 1㎝ 크기로 깍둑썰기 한다.

2 냄비에 식용유를 두르고 다진 마늘과 쇠고기를 넣고 볶은 후 육수를 붓고 쇠고기가 부드럽게 익도록 끓인다.

3 팬에 버터를 녹인 후 카레가루와 밀가루를 섞어 넣고 구수한 냄새가 나도록 볶아 **2**에 넣고 걸쭉한 농도가 될 때까지 은근하게 끓인다.

4 다른 팬에 식용유를 두르고 양파와 버섯, 당근, 감자를 볶아 **3**에 넣고 내용물이 익을 때까지 끓이면서 소금, 후추, 설탕으로 간을 맞춘다.

양송이비프스트로가노프

<table>
<tr><td></td><td>총열량</td><td>677kcal</td><td>1인분</td></tr>
<tr><td></td><td>총가열시간</td><td>30분</td><td></td></tr>
<tr><td></td><td>총조리시간</td><td>40분</td><td></td></tr>
<tr><td></td><td>주요요리도구</td><td>프라이팬</td><td></td></tr>
</table>

양송이

재료 양송이 50g, 양파 25g, 쇠고기 50g, 식용유 7mL, 버터 6g, 데미그라스 50g, 쇠고기 육수 167mL, 생크림 30mL, 소금 2g, 후추 0.2g, 파프리카 2g, 피클 12g, 밥 200g

—

만드는 법

1 쇠고기는 가늘게 채 썰고, 양송이는 도톰하게 썬다.

2 양파는 잘게 다지고, 피클은 가늘게 채 썬다.

3 팬에 버터와 식용유를 두르고 양파, 쇠고기, 양송이 순으로 넣고 볶으면서 소금과 후추로 간한다.

4 3에 데미그라스와 육수를 넣고 끓이면서 생크림을 넣고 농도에 맞게 졸인다.

5 쇠고기와 소스가 어우러지게 익으면 소금과 후추로 간을 맞춘다.

6 따뜻한 밥을 접시에 담고 소스를 부은 다음 채 썬 피클을 고명으로 곁들인다.

양송이버섯쇠고기볶음

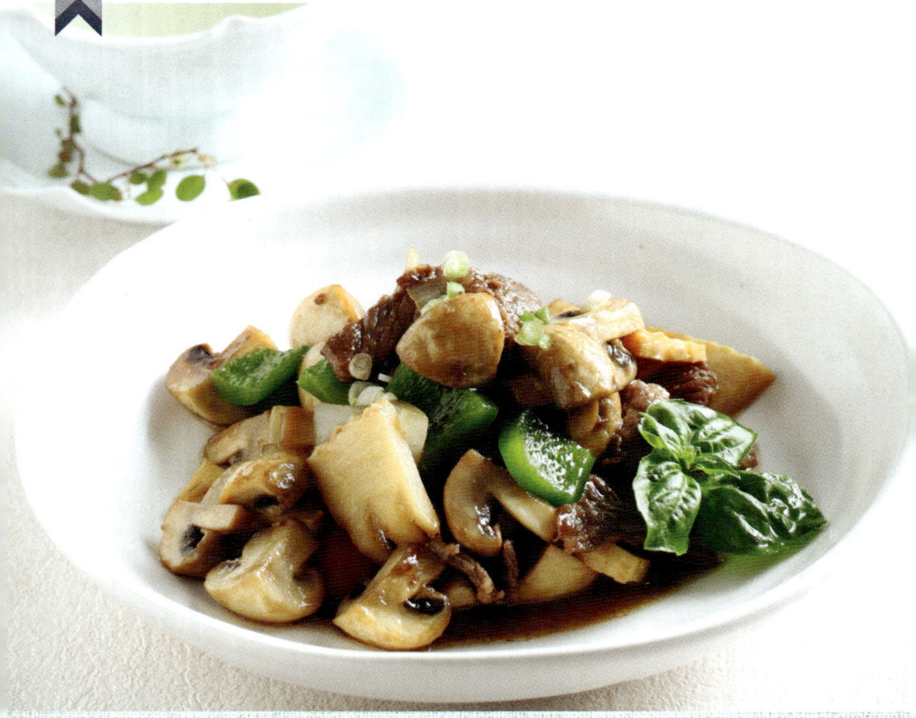

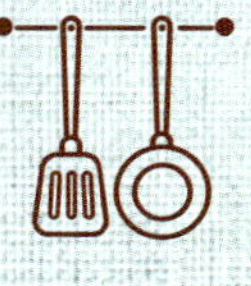

1인분

총열량 145kcal

총가열시간 15분

총조리시간 30분

주요요리도구 프라이팬

양송이

재료 양송이 25g, 쇠고기(등심) 25g, 양파 9g, 죽순 9g, 청피망 5g,
홍피망 5g, 마늘 5g, 식용유 5mL, 굴소스 5g, 소주 5mL,
참기름 2.5mL, 후추 0.1g

—

만드는 법

1 양송이는 깨끗이 씻어 4등분으로 썰고, 양파, 청피망, 홍피망은 한입 크기로 썬다.

2 죽순은 반을 갈라 깨끗이 씻은 후 빗살 두늬가 보이도록 썰고, 마늘은 얇게 저민다.

3 쇠고기 등심은 넓적하게 한입 크기로 썰어 칼끝으로 잔 칼집을 넣어 부드럽게 한다.

4 팬에 식용유를 둘러 달군 후 저민 마늘과 쇠고기를 넣고 양면에 갈색이 나도록 굽는다.

5 4에 양송이와 양파, 죽순, 피망을 넣고 볶으면서 소주, 굴소스, 후추, 참기름을 넣어 맛을 낸다.

양송이브로콜리볶음

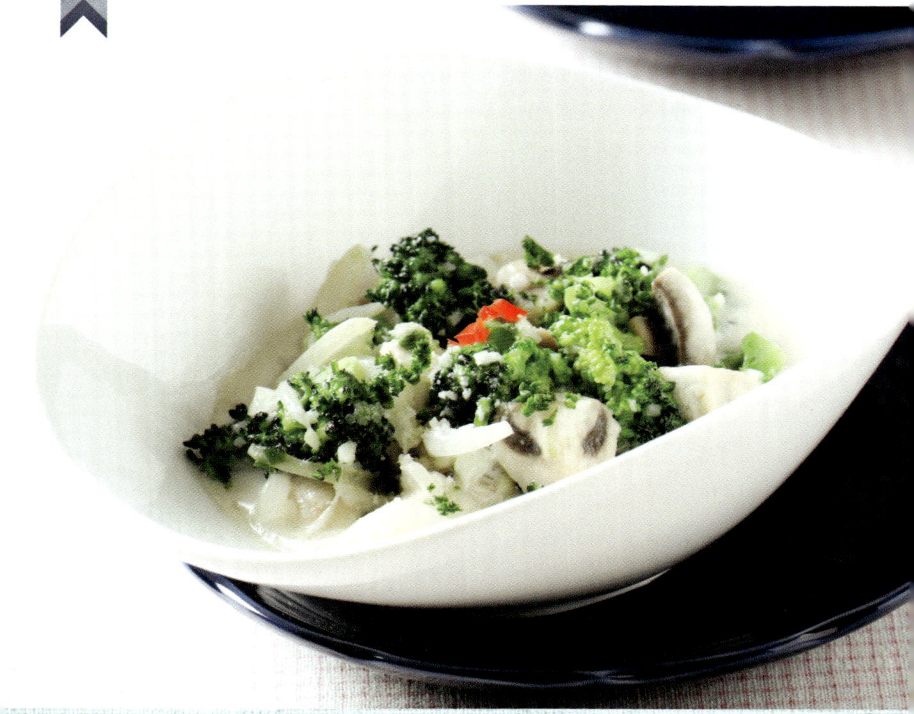

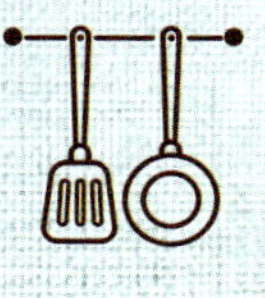

1인분

총열량	137kcal
총가열시간	15분
총조리시간	30분
주요요리도구	프라이팬

양송이

재료 양송이 25g, 브로콜리 25g, 마늘 1.9g, 대파 2.5g, 양파 12g,
파슬리 0.2g, 화이트와인 5mL, 생크림 30mL, 올리브오일 1.9mL, 버터 1.9g,
파마산치즈 1.3g, 소금 1.5g, 으깬 통후추 0.5g, 여분의 소금

—

만드는 법

1 양송이는 깨끗이 씻어 물기를 말린 후 +자형으로 썬다.

2 브로콜리는 양송이와 같은 크기로 다듬어 끓는 물에 여분의 소금을 넣고 데친 후 찬물에 식혀 물기를 뺀다.

3 마늘과 대파, 파슬리는 곱게 다지고, 양파는 반을 갈라 곱게 채 썬다.

4 팬에 버터와 올리브오일을 두르고 다진 마늘과 대파, 파슬리, 양파를 볶다가 양송이를 넣고 잠시 더 볶은 뒤 브로콜리를 넣고 볶으면서 소금과 으깬 통후추로 간을 한다.

5 양송이가 노릇하게 볶아지면 와인을 넣고 졸인 뒤 생크림을 넣고 자작해질 때까지 볶으면서 치즈가루를 뿌려 잠시 더 볶는다.

6 양송이 볶음을 접시에 담고 치즈가루와 파슬리를 뿌린다.

양송이볶음밥

1인분

총열량	438kcal
총가열시간	20분
총조리시간	30분
주요요리도구	프라이팬, 냄비

양송이

재료 밥 170g, 양송이 60g, 당근 10g, 양파 20g, 버터 5g

소스 양파 20g, 마늘 4g, 파슬리 0.6g, 올리브유 10mL, 버터 5g,
닭 육수 16mL, 소금 2g, 후추 0.1g

—

만드는 법

1 양송이는 1㎝ 크기의 사각으로 썰거나 얇게 썰고, 당근과 양파는 쌀알 크기로 잘게 썬다.

2 소스용 양파와 마늘, 파슬리는 곱게 다진다.

3 〈소스〉 팬에 올리브오일과 버터를 두르고 다진 양파와 마늘을 넣고 볶은 후 육수와 소금, 후추, 파슬리를 넣고 40g이 되도록 끓인다.

4 팬에 버터를 넣고 달군 후 양파, 양송이, 당근을 넣고 볶다가 밥을 넣고 잠시 더 볶은 후 소스를 넣고 볶는다.

양송이감자그라탕

1인분

총열량	502kcal
총가열시간	25분
총조리시간	50분
주요요리도구	오븐, 프라이팬

양송이

재료 양송이 30g, 감자 30g, 양파 20g, 브로콜리 15g, 베이비채소 5g,
피자치즈 80g, 버터 7g, 소금 1g, 다진 파슬리 0.5g

화이트 소스 버터 15g, 밀가루 15g, 우유 100mL 소금 0.5g, 흰 후춧가루 0.1g

—

만드는 법

1 감자는 깨끗이 씻어 껍질째로 큼직하게 썬 후에 15분 정도 찐다.

2 양송이는 모양대로 썬다. 양파는 사방 1.5㎝ 크기로 썬다.

3 브로콜리는 한 송이씩 떼어 끓는 물에 소금을 넣고 살짝 데친다.

4 팬에 기름을 두르고 양파를 넣고 볶다가 향이 나면 양송이를 넣고 소금
과 후춧가루로 간하여 볶는다.

5 달군 팬에 버터를 넣고 밀가루를 조금씩 넣어가면서 볶는다. 밀가루와
버터가 잘 섞여 노르스름해지면 우유를 넣고 끓이다가 소스가 끓어오르면
소금과 흰 후춧가루로 간을 하여 소스를 완성한다.

6 그라탕 그릇에 버터를 고루 바르고 감자, 양송이, 양파, 브로콜리를 넣
고 화이트 소스를 붓는다. 그 위에 피자치즈를 고루 뿌리고 180℃의 오븐
에 넣어 치즈가 녹을 때까지 굽는다. 치즈가 녹으면 그라탕 그릇을 꺼내어
다진 파슬리와 베이비채소를 얹어 낸다.

화이트 소스를 만들 때 버터가 녹은 후에 밀가루를 조금씩 나누어 넣어가며
볶아야 뭉치지 않는다. 양송이감자그라탕에 김치볶음밥을 넣어도 한 끼 식사로
충분하다.

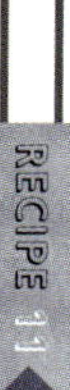

양송이자장면

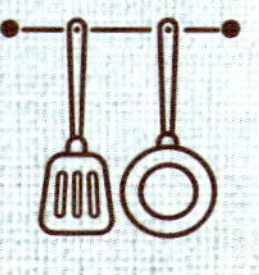

1인분

총열량 513kcal

총가열시간 15분

총조리시간 30분

주요요리도구 프라이팬

양송이

재료 양송이 50g, 양파 50g, 돼지고기 15g, 생강 0.5g, 간장 2mL,
설탕 1.5g, 소금 0.8g, 육수 75mL, 물녹말 15mL, 식용유 12.5mL,
춘장 12.5g, 우동면(삶은 것) 200g

—

만드는 법

1 돼지고기와 양송이, 양파는 1.2㎝ 정도 크기의 사각으로 썰고 생강은 곱게 다진다.

2 팬을 뜨겁게 달구어 식용유와 춘장을 넣고 계속 저어주면서 구수한 냄새가 나도록 서서히 볶은 후 고운체에 밭쳐 기름은 따로 둔다.

3 팬에 춘장 볶은 기름 15mL를 넣고 달군 후 돼지고기, 생강, 간장, 양파, 양송이 순으로 넣으며 센 불에서 볶다가 춘장과 육수를 넣고 잘 섞이도록 끓인다.

4 3에 물녹말을 풀어 농도를 맞추고 소금과 설탕으로 간을 한다.

5 면을 삶아서 그릇에 담고 소스를 곁들인다.

자장면은 춘장을 볶는 과정에서 맛이 좌우되기 때문에 이 과정이 매우 중요하다. 채소를 볶을 때는 센 불에서 조리한다.

양송이브로콜리깨된장무침

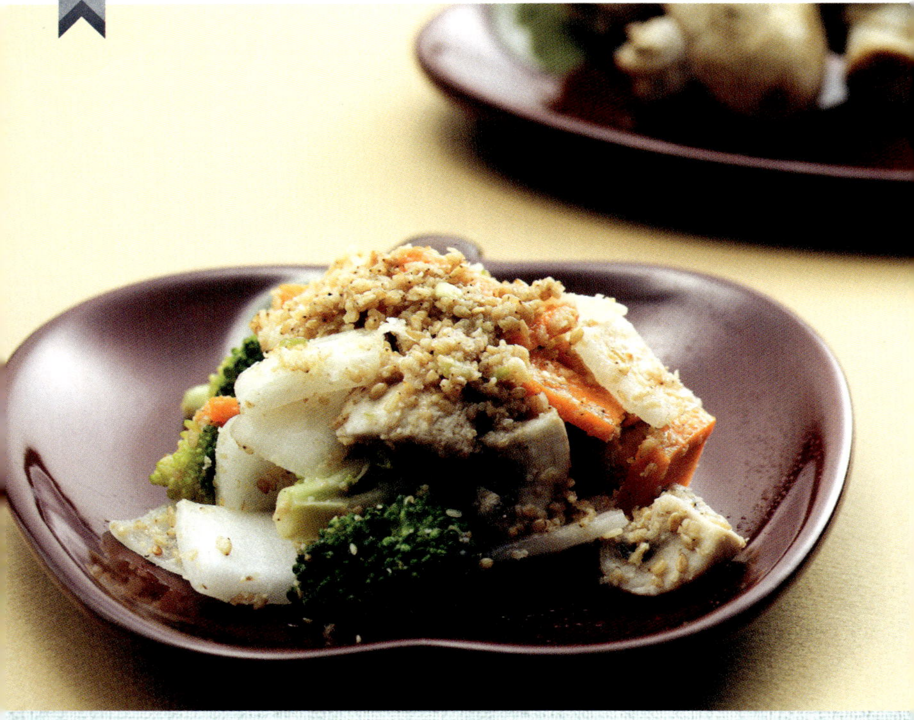

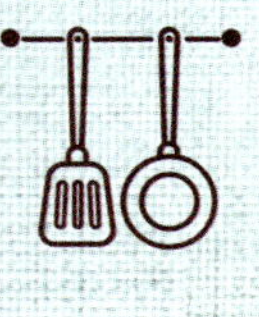

1인분

총열량 63kcal

총가열시간 5분

총조리시간 20분

주요리도구 냄비

양송이

재료 양송이 30g, 브로콜리 15g, 양파 10g, 당근 5g, 소금 0.5g

깨된장 소스 간장 5mL, 깨소금 5g, 된장 1.5g, 닷술 1.5mL, 마요네즈 1.5mL, 설탕 1g, 참기름 1mL

—

만드는 법

1 양송이는 기둥을 떼어 내고 큰 것은 갓을 4등분하고 작은 것은 2등분 한다.

2 브로콜리는 한 송이씩 떼어 깨끗이 씻은 후에 먹기 좋은 크기로 자른다.

3 양파와 당근은 사방 2㎝ 크기로 썬다.

4 분량의 재료를 섞어 깨된장 소스를 만든다.

5 양파, 양송이, 브로콜리, 당근의 순서로 끓는 물에 소금을 넣고 각각 데 쳐 내어 찬물에 담갔다가 체에 밭쳐 물기를 뺀다.

6 먹기 직전에 준비한 양파, 양송이, 브로콜리, 당근을 깨된장 소스에 살 살 버무려 낸다.

양송이샐러드

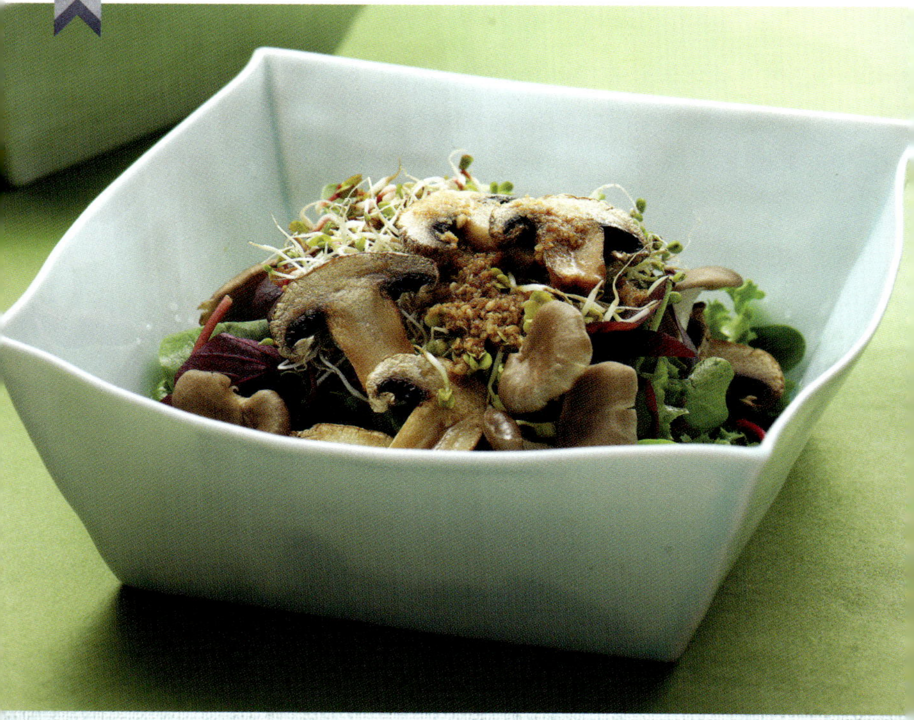

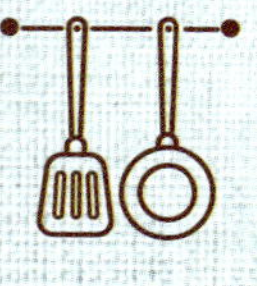

1인분

총열량 138kcal

총가열시간 5분

총조리시간 20분

주요요리도구 프라이팬

양송이

재료 양송이 30g, 산느타리 10g, 베이비채소 30g, 새싹채소 10g

참깨 레몬 드레싱 깨소금 15g, 설탕 7.5g, 식초 7.5mL, 다진 파 5g,
맛술 3mL, 레몬즙 3mL, 소금 1.5g, 물 12mL

—

만드는 법

1 양송이는 모양을 살려 편으로 도톰하게 썬다.

2 산느타리는 밑동을 자른 후에 먹기 좋은 크기로 찢는다.

3 새싹채소와 베이비채소는 깨끗이 씻어 찬물에 담갔다가 건져 물기를
뺀다.

4 분량대로 각각의 재료를 섞어 참깨 레몬 드레싱을 만든다.

5 양송이와 산느타리는 각각 두꺼운 팬에 기름 없이 살짝 굽는다.

6 접시에 준비한 버섯과 채소를 보기 좋게 감고 참깨 레몬 드레싱을 끼얹
어 낸다.

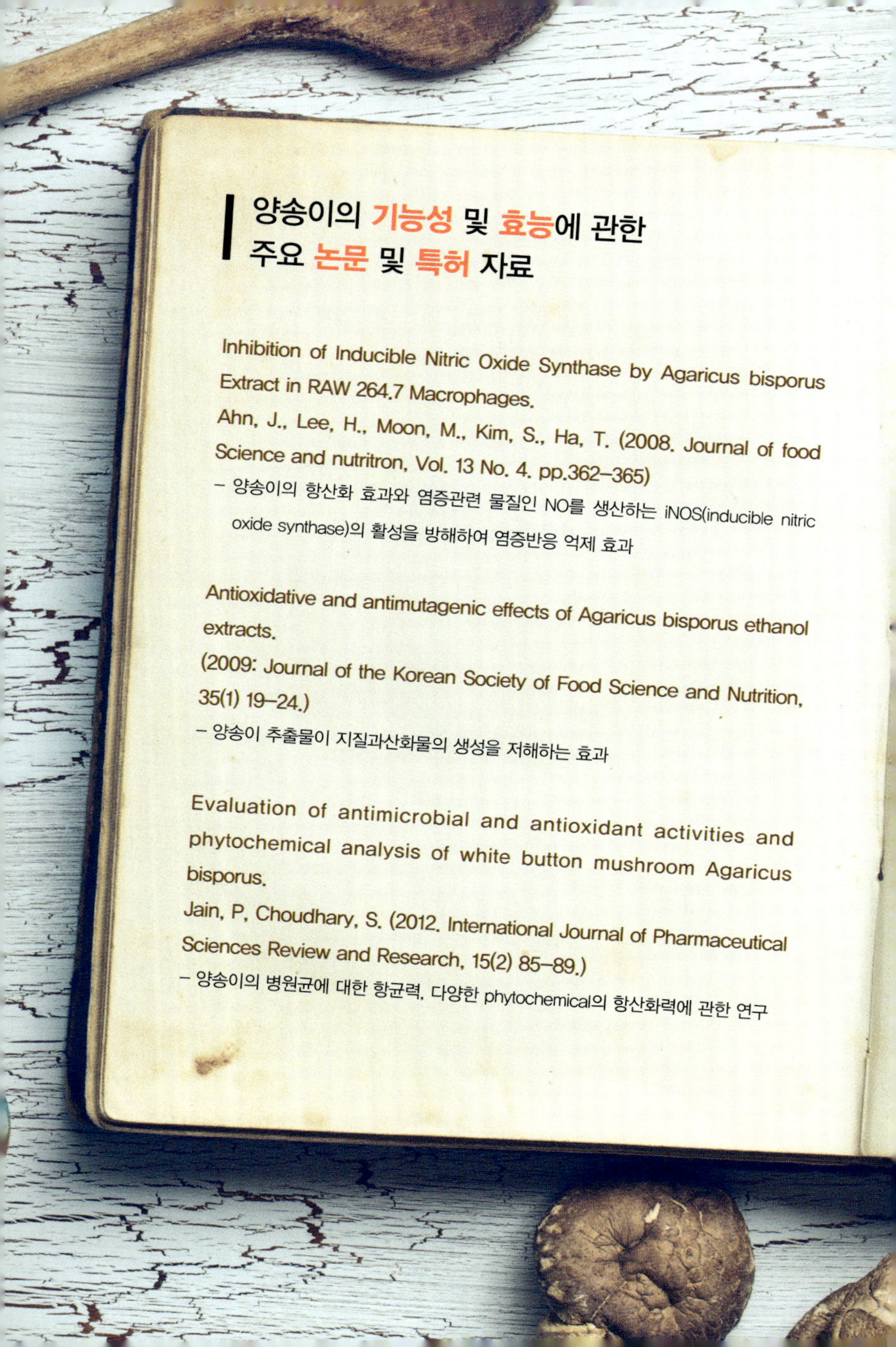

양송이의 **기능성** 및 **효능**에 관한 주요 **논문** 및 **특허** 자료

Inhibition of Inducible Nitric Oxide Synthase by Agaricus bisporus Extract in RAW 264.7 Macrophages.
Ahn, J., Lee, H., Moon, M., Kim, S., Ha, T. (2008. Journal of food Science and nutritron, Vol. 13 No. 4. pp.362–365)
- 양송이의 항산화 효과와 염증관련 물질인 NO를 생산하는 iNOS(inducible nitric oxide synthase)의 활성을 방해하여 염증반응 억제 효과

Antioxidative and antimutagenic effects of Agaricus bisporus ethanol extracts.
(2009: Journal of the Korean Society of Food Science and Nutrition, 35(1) 19–24.)
- 양송이 추출물이 지질과산화물의 생성을 저해하는 효과

Evaluation of antimicrobial and antioxidant activities and phytochemical analysis of white button mushroom Agaricus bisporus.
Jain, P, Choudhary, S. (2012. International Journal of Pharmaceutical Sciences Review and Research, 15(2) 85–89.)
- 양송이의 병원균에 대한 항균력, 다양한 phytochemical의 항산화력에 관한 연구

Macrophage immunomodulating and antitumor activities of polysaccharides isolated from Agaricus bisporus white button mushrooms.
(2012. Journal of Medicinal Food, 15(1) 58–65.)
– 양송이 다당체의 다양한 면역인자 증가 기능과 암세포에 대한 독성 효과

사람의 귀 모양을 닮았다고 하여 목이(木耳, 나무의 귀)라 하며, 조직은 젤라틴질로 이루어져 있다. 비를 맞거나 물에 젖으면 흐물흐물해져서 '흐르레기버섯'이라고도 불린다. 부드럽고 쫄깃쫄깃한 식감이 좋아 잡채와 같은 중화요리에 많이 쓰이고 한방에서 적리(赤痢), 치질 등을 치료하는 약재로 쓰였다고 한다. 목이는 비타민 D와 철분이 풍부하게 함유되어 골다공증 예방뿐 아니라 여성의 빈혈에 좋고, 목이의 식이섬유는 대장의 운동을 촉진시키기 때문에 변비와 대장암 예방, 다이어트에 매우 좋은 식품이다. 항바이러스, 항염증, 항암 활성뿐 아니라 혈당 강하와 혈소판 응집을 줄이는 효과가 있어 혈행 개선 기능도 기대되는 버섯이다.

목이

학 명	*Auricularia auricula–judae* (Bull.) Quél.
분 류	목이목 목이과 목이속
분 포	한국, 전 세계
서 식	봄부터 가을 사이에 활엽수의 고사목에 발생

목이 손질법

목이는 주로 말린 상태로 유통되므로 사용하기 1시간 정도 전에 미리 미지근한 물에 담가 충분히 불린 후 이용한다.
물에 담가 충분히 불린 버섯은 꼭지를 다듬고 원하는 크기로 잘라둔다.
약간의 소금을 넣고 빠닥빠닥 씻어서 사용한다..

목이 보관법

목이는 말린 상태로 서늘한 곳에 저장한다.
생것이나 불린 것을 보관할 때는 위생봉투에 넣고 약간의 물을 넣어 냉동실에 보관한다.

목이버섯당근볶음

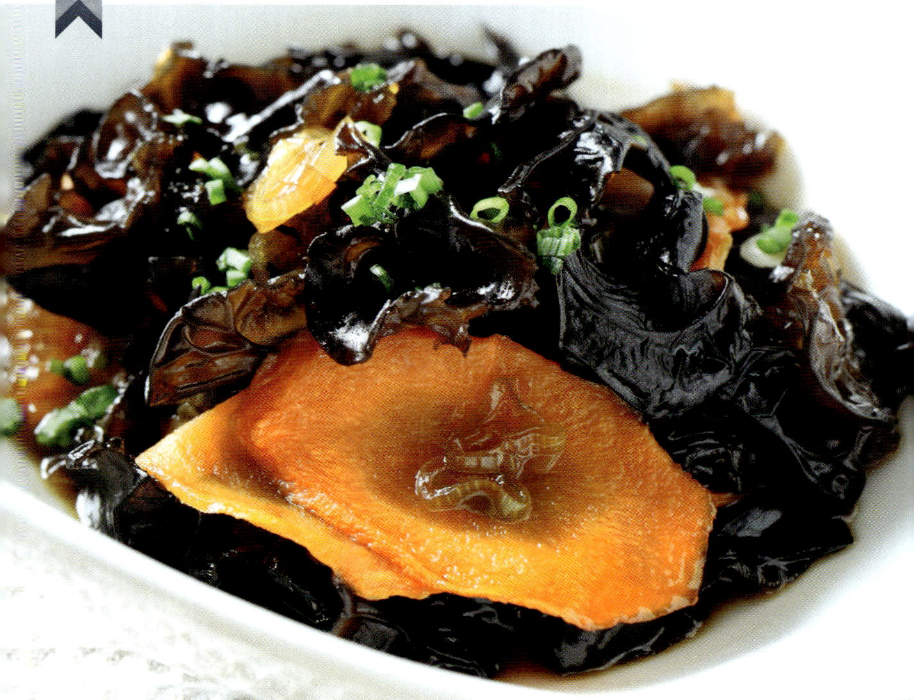

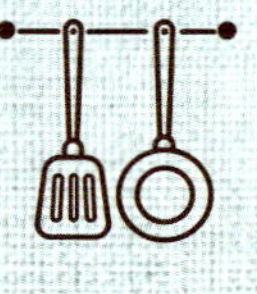

1인분

총열량 362kcal

총가열시간 20분

총조리시간 30분

주요요리도구 프라이팬

목이

재료 목이(불린 것) 50g, 당근 25g, 대파 8g, 생강 1.5g, 식용유 11.3mL, 청주 7mL, 간장 10mL, 식초 3.5mL, 육수 100mL, 설탕 20g, 튀김유 50mL

—

만드는 법

1 불린 목이는 밑동을 잘라 한 잎씩 뗀 후 끓는 물에 소금을 넣고 데쳐 물기를 뺀다.

2 당근은 중간 굵기로 준비하여 껍질을 벗기고 얇게 어슷 썬다.

3 생강은 편으로 얇게 썰어 곱게 채 썰고, 대파는 둥근 상태로 곱게 썬다.

4 얇게 썬 당근을 튀김기름(50℃)에 수분이 증발하도록 튀겨 건져서 기름기를 뺀다.

5 팬을 달구어 식용유와 대파, 생강을 넣고 향을 낸 다음 목이를 넣고 볶으면서 청주, 간장, 식초, 설탕, 육수를 넣고 약한 불에서 5분 정도 촉촉하게 볶다가 튀긴 당근을 넣고 잠시 더 볶는다.

목이버섯볶음

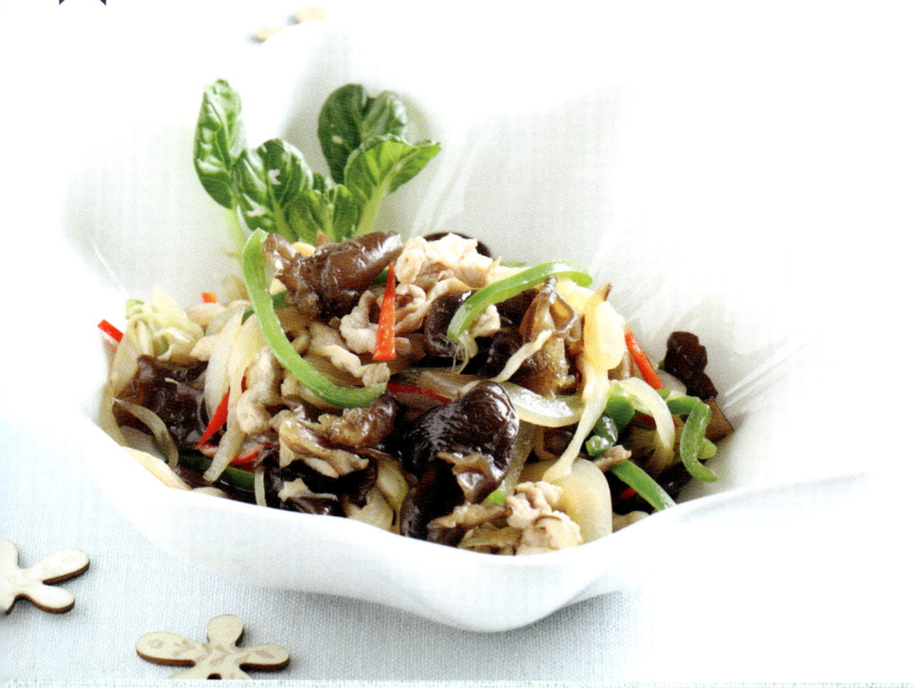

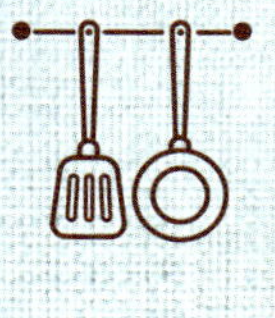

1인분

총열량 181kcal

총가열시간 15분

총조리시간 30분

주요요리도구 프라이팬

목이

재료 목이(불린 것) 18g, 표고 7.5g, 피망 17g, 홍고추 1.5g, 양파 15g, 대파 2g, 마늘 2g, 생강 0.1g, 돼지고기 17g, 달걀 흰자 5g, 물녹말 1mL, 식용유 7.5mL, 청주 3.5mL, 간장 2mL, 소금 1g, 후추 0.1g, 육수 7.5mL, 참기름 0.1mL, 튀김유 60mL

만드는 법

1 목이는 한 잎씩 뜯어 끓는 물에 소금을 넣어 데친다.

2 표고와 양파, 피망, 홍고추, 대파는 5㎝ 길이로 채 썰고, 마늘과 생강은 곱게 다진다.

3 돼지고기도 채소와 같은 길이로 채 썬 다음 달걀 흰자와 물녹말을 섞는다.

4 팬에 튀김유를 넣고 달군(80~100℃) 후 **3**의 돼지그기를 넣고 살짝 익혀 기름을 뺀다.

5 팬에 식용유를 두르고 생강, 마늘, 대파를 넣고 향을 낸 뒤 양파, 표고, 목이를 넣고 볶으면서 청주, 간장, 소금, 후추로 간하고 피망, 홍고추, **4**의 돼지고기, 육수 순으로 넣으며 센 불에서 볶은 후 참기름을 넣는다.

육수는 쇠고기나 닭고기, 다시마, 채소 육수 중 어느 것이나 사용 가능하다.

칠리소스로 맛을 낸 목이버섯튀김

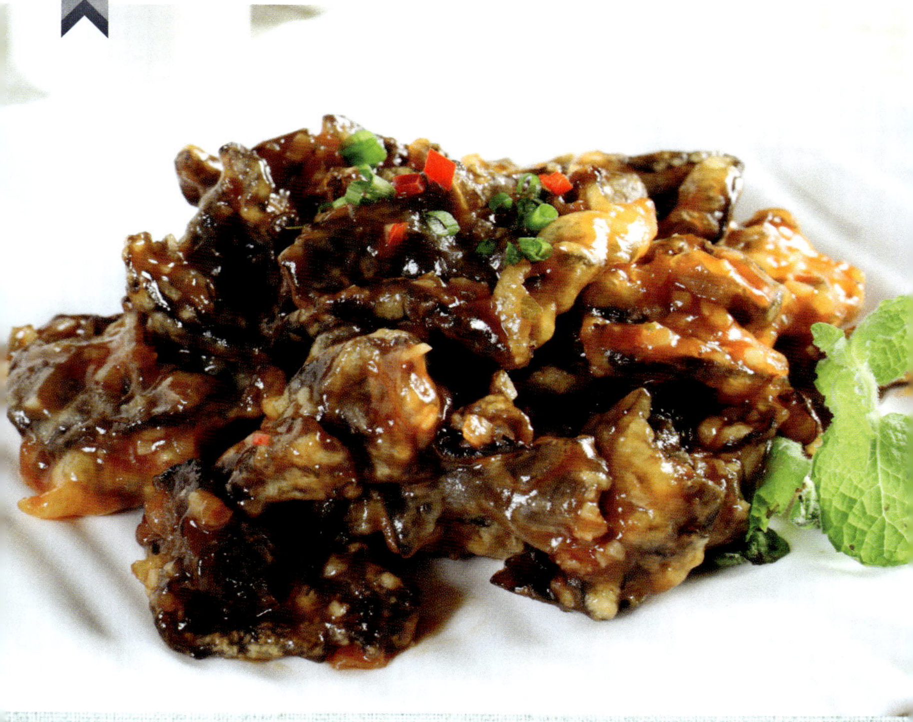

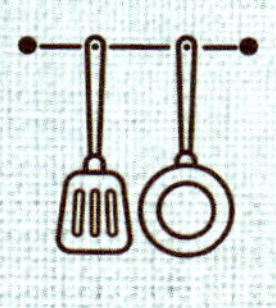

총열량	367kcal
총가열시간	25분
총조리시간	30분
주요요리도구	프라이팬

1인분

목이

재료 목이(불린 것) 60g, 녹말가루 23g, 달걀 10g, 튀김유 60mL

소스 대파 4g, 마늘 5g, 생강 0.3g, 고추기름 13mL, 청주 5mL, 두반장 2g, 토마토케첩 30g, 설탕 12g, 후추 0.2g, 물 50mL, 물녹말 3mL

—

만드는 법

1 불린 목이는 한 잎씩 떼어 깨끗이 씻은 후 물기를 완전히 말린다.

2 대파는 잘게 썰고, 마늘과 생강은 곱게 다진다.

3 목이에 녹말가루와 달걀을 묻혀서 튀김유(180℃)에 바삭하게 튀긴다.

4 〈소스〉 팬에 고추기름을 두르고 **2**의 대파, 마늘, 생강을 넣고 잠시 볶아 향을 낸 다음 청주, 두반장을 넣고 볶으면서 나머지 재료를 넣고 끓인 후 물녹말을 풀어 농도를 맞춘다.

5 **4**의 소스에 **3**의 튀긴 목이를 넣고 재빠르게 섞어 접시에 담는다.

데친 목이는 물기를 완전히 말려야 튀길 때 기름이 튀지 않는다.

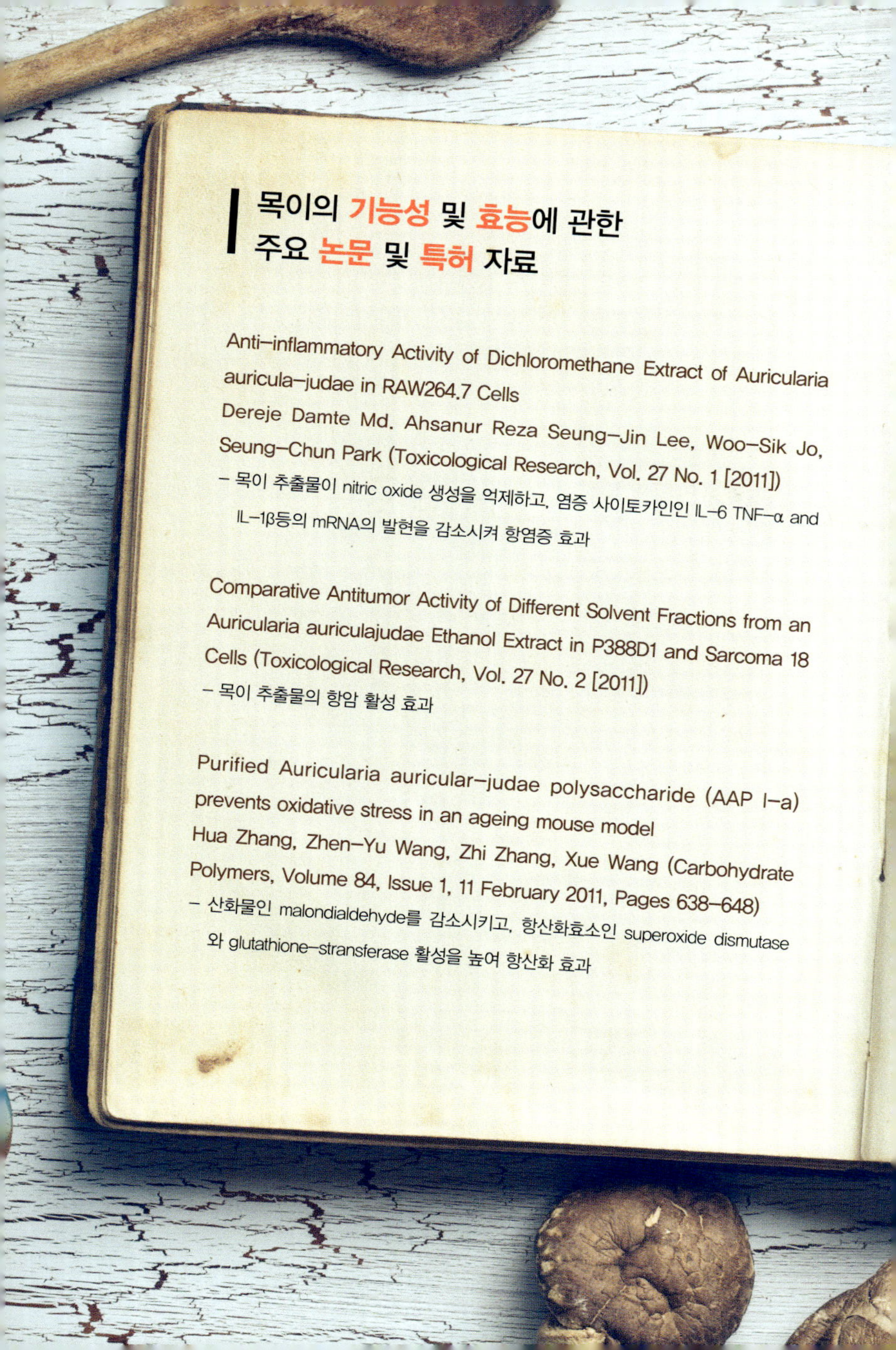

목이의 **기능성** 및 **효능**에 관한
주요 **논문** 및 **특허** 자료

Anti-inflammatory Activity of Dichloromethane Extract of Auricularia auricula-judae in RAW264.7 Cells
Dereje Damte Md. Ahsanur Reza Seung-Jin Lee, Woo-Sik Jo, Seung-Chun Park (Toxicological Research, Vol. 27 No. 1 [2011])
– 목이 추출물이 nitric oxide 생성을 억제하고, 염증 사이토카인인 IL-6 TNF-α and IL-1β등의 mRNA의 발현을 감소시켜 항염증 효과

Comparative Antitumor Activity of Different Solvent Fractions from an Auricularia auriculajudae Ethanol Extract in P388D1 and Sarcoma 18 Cells (Toxicological Research, Vol. 27 No. 2 [2011])
– 목이 추출물의 항암 활성 효과

Purified Auricularia auricular-judae polysaccharide (AAP I-a) prevents oxidative stress in an ageing mouse model
Hua Zhang, Zhen-Yu Wang, Zhi Zhang, Xue Wang (Carbohydrate Polymers, Volume 84, Issue 1, 11 February 2011, Pages 638-648)
– 산화물인 malondialdehyde를 감소시키고, 항산화효소인 superoxide dismutase 와 glutathione-stransferase 활성을 높여 항산화 효과

Reductive effect off hot-water extracts from woody ear (Auricularia auricula-judae Quel.) on food intake and blood glucose concentration in genetically diabetic KK-Ay mice (Journal of Nutritional Science and Vitaminology, Volume 50, Issue 4, August 2004, Pages 300-304)

- 혈중 포도당 함량이 감소하여 목이 열수추출물의 혈
  당 강하 효과

만가닥버섯의 학술적 이름은 '느티만가닥버섯'이지만 다발로 무리 지어 자라는 특성이 강해 '만가닥버섯'이라고도 불린다. 느티만가닥버섯은 흰색과 갈색종이 있는데 갓 표면에 거북 등과 비슷한 문양이 나타나는 특징이 있으며, 과거에는 '만가닥느타리'라고도 불렸다. 다른 버섯에 비해 재배기간이 길어서 '백일송이', 대가 길고 다발로 자라기 때문에 '만가닥버섯', 버섯 본래의 이름을 따라 '느티만가닥'이라는 서로 다른 상품명으로 국내에 유통되는데, 모두 느티만가닥버섯의 재배종이다. 일본에서 인기가 매우 높은 버섯으로 야생의 특성인 쓴맛이 약간 남아 있지만 식감이 매우 좋고 부드러우면서도 다른 식재료의 맛을 해치지 않아 여러 가지 요리에 잘 어울린다. 저장기간이 길어질수록 쓴맛이 강해지므로 쓴맛을 싫어하는 사람은 바로 요리를 해서 먹는 것이 좋다. 만가닥버섯은 체내 콜레스테롤 함량을 줄이고, 지방세포의 크기를 줄여주는 효과가 밝혀졌고, 항산화, 항종양, 항통풍, 혈행 개선, 피부미백 등의 효능이 있다.

만가닥버섯 (느티만가닥버섯)

학 명　*Hypsizygus marmoreus* (Peck) H.E. Bigelow
분 류　주름버섯목 송이과 느티만가닥버섯속
분 포　한국, 동남아시아, 유럽, 북아메리카 등
서 식　가을에서 초겨울 사이 느릅나무 등의 활엽수 고사목 그루터기에 다발로 발생

만가닥버섯 손질법

밑동의 딱딱한 부위를 잘라 낸다.

가닥을 떼어 소금물에 씻은 후 원하는 크기로 찢어서 사용한다.

약간 미끈거리는 성분이 있으므로 15% 정도의 소금물에 씻는 것이 좋다.

만가닥버섯 보관법

씻지 않은 상태로 밀폐용기에 담아 1주일 정도 냉장고에 보관한다.

오래 보관할 때는 1개월 정도 냉동실에 보관한다.

만가닥버섯해물탕

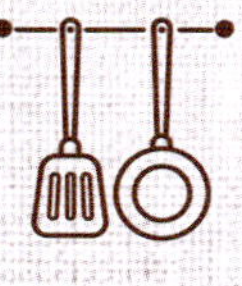

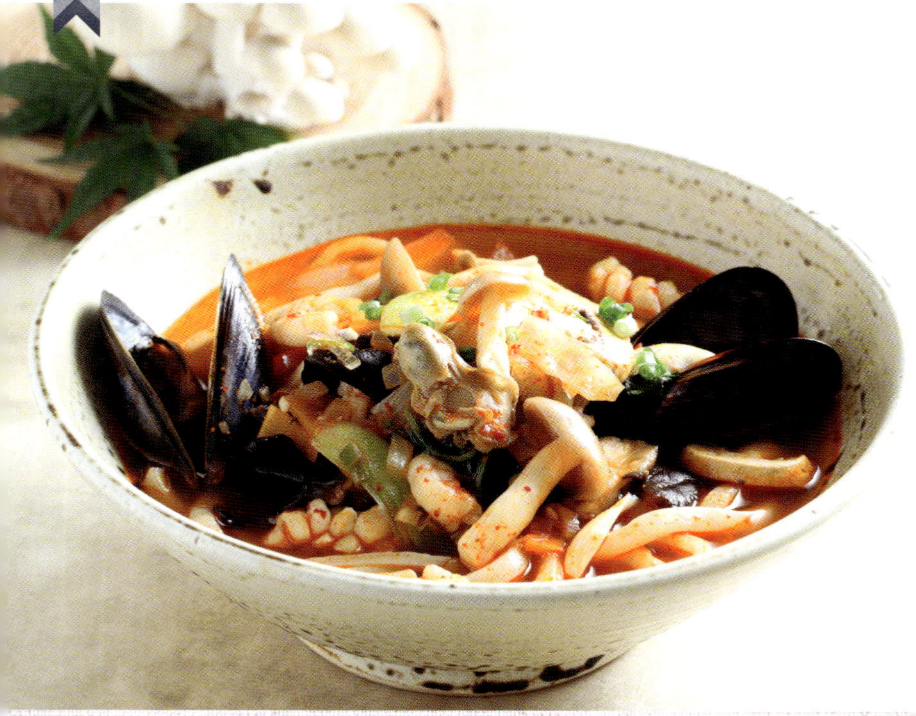

1인분

총열량	278kcal
총가열시간	45분
총조리시간	60분
주요요리도구	냄비

만가닥버섯

재료 만가닥버섯 10g, 양송이 5g, 표고 3g, 목이(불린 것) 2g, 오징어 12g, 새우살 2.5g, 홍합 1개(15g), 굴 2.5g, 청경채 3.5g, 양파 3.5g, 당근 3g, 양배추 7g, 죽순 3g, 고추기름 4mL, 멸치 육수 300mL, 우동(삶은 것) 180g

양념장 양파 6.3g, 대파 3g, 마늘 3g, 생강 0.4g, 청양고추 0.4g, 마른 고추 0.3g, 고추기름 2mL, 굴소스 1g, 두반장 0.3g, 청주 1.3mL, 고춧가루 0.9g, 소금 0.5g, 후추 0.1g, 멸치 육수 8.3mL **멸치 육수** 다시마 1.5g, 멸치 3g, 물 400mL

만드는 법

1 만가닥버섯은 가닥을 떼어 굵은 것은 찢는다. 양송이는 도톰하게 썰고, 표고는 얇게 포를 뜨고, 목이는 한 잎씩 뜯어 씻은 후 물기를 뺀다.

2 당근, 양배추, 죽순은 씻어서 골패형으로 썰고, 양파는 1㎝ 폭으로 채 썰며, 청경채는 4등분으로 갈라놓는다. 오징어는 손질 후 격자로 칼집을 넣어 채소와 같은 크기로 썰고, 새우, 홍합, 굴은 깨끗이 씻는다.

3 〈양념장〉 양파, 대파, 청양고추는 쌀알 크기로 잘게 썰고, 마늘과 생강은 다지고, 마른 고추는 0.5×0.5㎝로 썬다.

4 〈육수〉 멸치는 내장을 뺀 후 마른 팬에 말리듯 볶아 분량의 냉수에 넣고 다시마를 넣어 30분 정도 은근하게 끓인다.

5 〈양념장〉 팬에 고추기름을 두르고 마른 고추와 생강을 넣고 타지 않게 볶다가 마늘, 양파, 대파, 청양고추를 넣고 수분이 거의 증발하도록 볶은 후 나머지 재료를 넣고 걸쭉한 농도가 되도록 끓인다.

6 팬에 고추기름을 두르고 오징어와 양념장을 섞어 넣고 볶다가 **1**, **2**의 재료를 넣고 볶은 후 육수를 붓고 한소끔 바글바글 끓인다.

7 우동을 삶아 그릇에 담고 국물을 붓는다.

만가닥버섯들깨탕

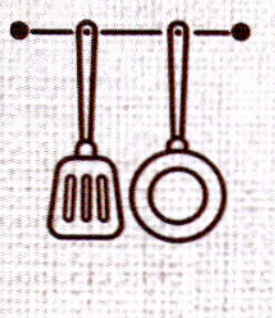

1인분

총열량 149kcal

총가열시간 20분

총조리시간 30분

주요리도구 냄비

만가닥버섯

재료 만가닥버섯 20g, 표고 5g, 쇠고기 10g, 양파 5g, 대파 5g, 다진 마늘 2g, 쪽파 2g, 조랭이떡 13g, 참기름 3.8mL, 소금 0.5g, 흐추 0.1g

들깨 육수 쇠고기 육수 180mL, 된장 5.4g, 들깻가루 5g

—

만드는 법

1 만가닥버섯은 가닥을 떼어 굵은 것은 찢고, 표고는 기둥을 떼고 깨끗이 씻어 얇게 채 썬다.

2 쇠고기는 5~6㎝로 가늘게 채 썰고, 양파는 결대로 채 썰고, 대파는 어슷하게 썰고, 쪽파는 3㎝ 길이로 썬다.

3 〈들깨 육수〉 쇠고기 육수에 된장과 들깻가루를 풀어 한소끔 끓인 후 고운체에 걸러놓는다.

4 팬에 참기름을 두르고 마늘과 쇠고기, 양파를 넣고 볶은 뒤 **3**의 육수를 붓고 끓이다가 버섯과 대파, 조랭이떡을 넣어 은근하게 끓인 후 마지막에 쪽파를 넣고 소금, 후추로 간을 맞춘다.

쪽파는 마지막에 넣어 향과 색을 유지시킨다.

만가닥버섯육개장

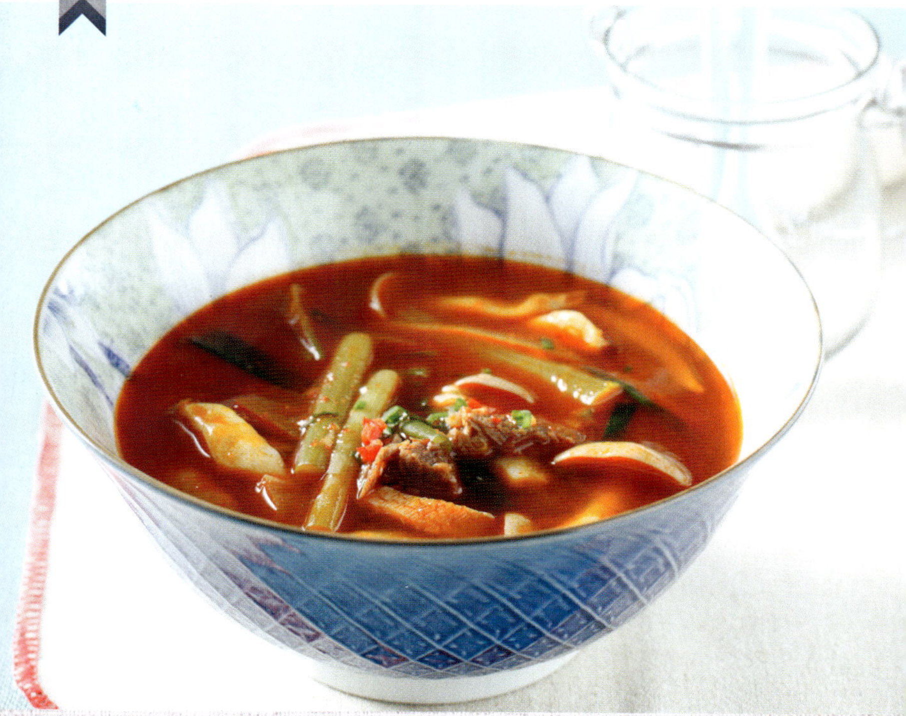

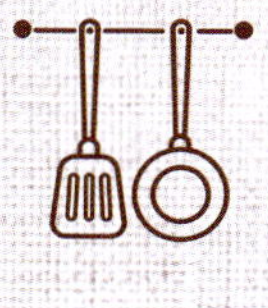

1인분

총열량 218kcal

총가열시간 2시간 30분

총조리시간 4시간

주요요리도구 냄비

만가닥버섯

재료 쇠고기(양지) 40g, 만가닥버섯 40g, 표고 7g, 대파 40g, 쪽파 5g,
마늘 5g, 물 500mL, 여분의 소금

고춧가루 볶음 대파 3.8g, 마늘 3.8g, 생강 2.5g, 그춧가루 3.8g,
식용유 7.5mL, 국간장 3.8mL, 참기름 3.8mL, 소금 2.2g, 후추 0.2g

—

만드는 법

1 쇠고기 양지를 덩어리째 찬물에 담가 1시간 정도 핏물을 뺀 후 분량의
물을 붓고 1시간 20분 정도 중불에서 끓이다가 대파 1쪽과 마늘 1쪽을 넣
고 30분 정도 더 끓인다.

2 만가닥버섯은 가닥을 떼어 찢은 후 끓는 물에 여분의 소금을 넣고 데쳐
찬물에 헹궈놓고, 표고는 기둥을 잘라 내고 채 썬다.

3 대파는 반을 갈라 6㎝ 길이로 자른 다음 끓는 물에 여분의 소금을 넣고
데쳐 찬물에 씻으면서 미끈거리는 속꺼풀을 제거한다.

4 고기가 부드럽게 익으면 5~6㎝ 길이로 잘라 결대로 가늘게 찢어놓고
국물은 고운체에 걸러 기름기를 없앤다.

5 〈고춧가루 볶음〉 대파, 마늘, 생강을 곱게 다져 식용유를 두른 팬에 넣
고 잠시 볶다가 고춧가루를 넣고 고소한 냄새가 날 정도로만 약한 불에서
볶으면서 나머지 재료를 넣고 잠시 더 볶는다.

6 쇠고기와 대파에 고춧가루 볶음을 넣고 버무려 냄비에 담고, 버섯과 육
수를 넣고 끓이면서 소금과 후추로 간을 맞추고 마지막에 쪽파를 넣어 잠
시 더 끓인다.

만가닥버섯고등어조림

만가닥버섯

재료 고등어 70g(1/4마리), 만가닥버섯 30g, 홍고추 1g, 풋고추 3g, 대파 5g, 마늘 3g, 생강 1g, 청주 3mL, 다시마 육수 30mL, 파인애플주스 10mL, 설탕 1.5g, 간장 9mL, 고추장 7g, 고춧가루 1.7g, 카레가루 0.3g, 후추 0.1g

—

만드는 법

1 만가닥버섯은 가닥을 떼어 깨끗이 씻고, 대파는 반을 갈라 5㎝ 길이로 자른다.

2 홍고추와 풋고추는 어슷하게 썰고, 마늘과 생강은 곱게 다진다.

3 고등어는 반을 갈라 흐르는 물에 씻어 물기를 닦은 후 원하는 크기로 자른다.

4 손질한 고등어에 다진 마늘 1/2 생강, 청주, 후추를 고루 뿌려 20분 정도 재운다.

5 나머지 마늘과 다시마 육수, 파인애플주스, 간장, 고추장, 고춧가루, 설탕, 카레가루를 혼합한다.

6 냄비에 버섯을 깔고, 고등어를 껍질이 위로 가도록 담은 뒤 고추와 대파를 골고루 뿌리고 **5**의 혼합물을 넣고 국물이 자작해질 때까지 조린다.

만가닥버섯잡채밥

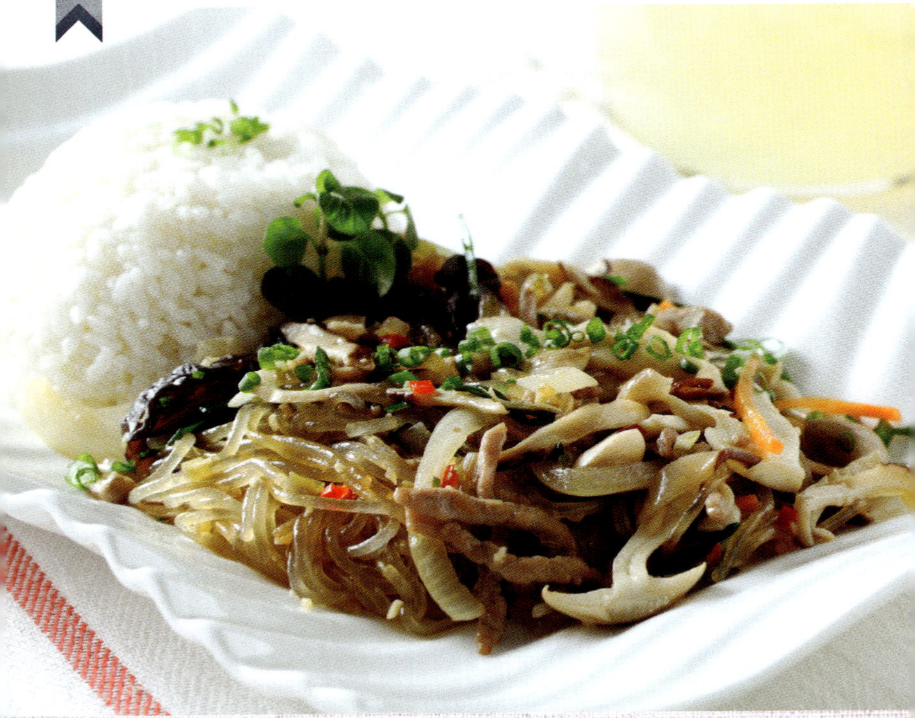

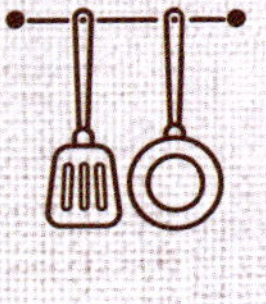

1인분

총열량	493kcal
총가열시간	20분
총조리시간	60분
주요요리도구	프라이팬

만가닥버섯

재료 당면(불린 것) 60g, 만가닥버섯 50g, 표고 15g, 목이 3g, 돼지 살코기 10g, 당근 5g, 양파 8g, 부추 5g, 참기름 3mL, 식용유 5mL, 밥 200g

양념 양파 15g, 대파 7.2g, 마늘 7.2g, 생강 0.4g, 홍고추 6g, 청주 8.4mL, 간장 15mL, 육수 12mL, 소금 0.6g, 후추 0.2g, 참기름 1.7mL, 식용유 21mL

—

만드는 법

1 당면은 6시간 전에 찬물에 담가 미리 불려놓고, 돼지고기는 5㎝ 길이로 채 썬다.

2 만가닥버섯은 가닥을 떼어 찢고, 표고는 가늘게 채 썰고, 목이는 한 잎씩 뜯어 씻은 다음 각각 끓는 물에 소금을 넣고 데친 후 찬물에 헹구어 물기를 짠다.

3 당근과 양파는 돼지고기와 같은 길이로 채 썰고, 부추도 같은 길이로 썬다.

4 〈양념〉 양파, 대파, 마늘, 홍고추는 잘게 다지고 생강은 곱게 다진 다음 식용유를 두른 팬에 넣고 수분이 거의 증발하도록 볶은 후 나머지 재료를 넣고 자작하게 끓인다.

5 불린 당면은 23등분으로 잘라 끓는 물에 삶아 물기를 뺀다.

6 팬에 식용유를 두르고 돼지고기와 버섯, 채소, 당면을 각각 볶아 **4**의 양념을 넣고 섞는다.

7 그릇에 밥을 담고 버섯잡채를 곁들인다.

만가닥버섯들깨볶음

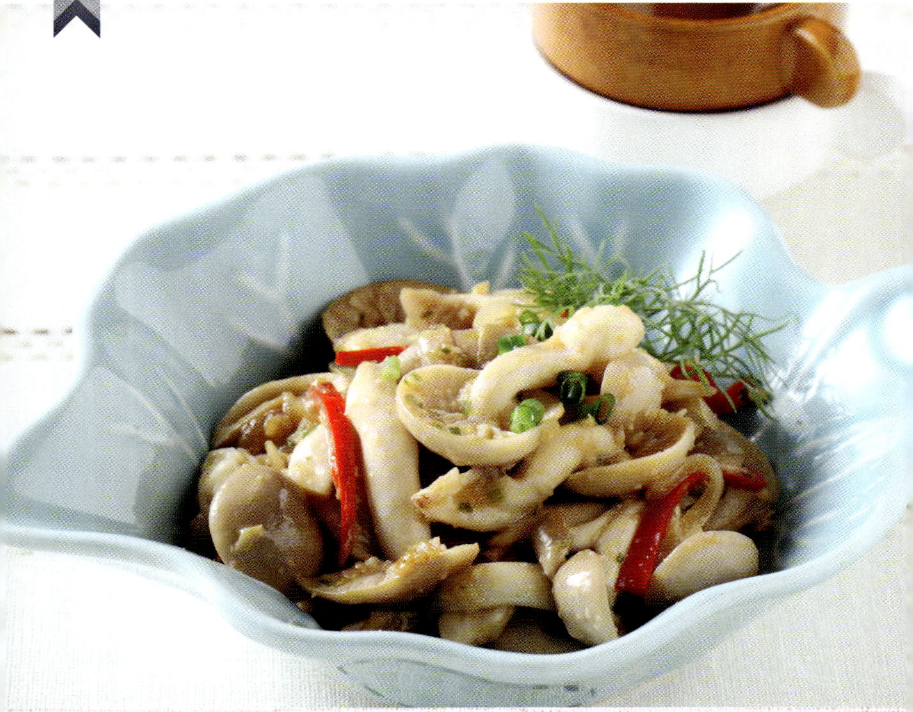

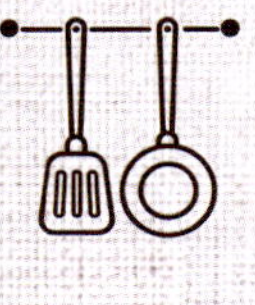

1인분

총열량 136kcal

총가열시간 15분

총조리시간 30분

주요요리도구 프라이팬

만가닥버섯

재료 만가닥버섯 35g, 양파 8.7g, 홍고추 2g, 대다 3.3g, 마늘 2g, 간장 2mL, 소금 0.7g, 후추 0.1g, 식용유 7.3mL, 다시마 육수 8.7mL, 들깻가루 5g, 들기름 2.7mL, 실파 2.7g

—

만드는 법

1 만가닥버섯은 가닥을 떼어 끓는 물에 소금을 넣고 데친 후 찬물에 헹구어 물기를 짠다.

2 양파와 홍고추는 5㎝ 길이로 채 썰고, 대파와 마늘은 곱게 다진다.

3 팬에 식용유를 두르고 다진 마늘과 대파를 복아 향을 낸 후 양파, 홍고추, 버섯 순으로 넣으며 볶는다.

4 3에 간장과 육수를 넣고 촉촉하게 계속 볶으견서 들깻가루를 뿌리고 소금과 후추로 간을 맞춘 다음 들기름을 섞어 완성한다.

5 접시에 담고 실파를 송송 썰어 고명으로 뿌린다.

만가닥버섯비빔국수

1인분

총열량　588kcal

총가열시간　10분

총조리시간　30분

주요요리도구　냄비

만가닥버섯

재료 만가닥버섯 60g, 청주 7.5mL, 참기름 7.5mL, 설탕 3.5g, 배 30g, 부추 13g, 소면 80g

양념장 고추장 25g, 간장 7.5mL, 2배 식초 7.5mL, 생강즙 2.5mL, 다진 마늘 5g, 참기름 7.5mL, 설탕 10g, 깨소금 3.8g

—

만드는 법

1 만가닥버섯은 가닥을 떼고 굵은 것은 찢어 끓는 물에 소금을 넣고 데친 후 찬물에 식혀 물기를 짠다.

2 1의 버섯에 청주, 설탕, 참기름 3.8mL를 넣어 20분 정도 재워 두었다가 다시 가볍게 물기를 짠다.

3 배는 껍질과 씨를 제거해 굵게 채 썰고, 부추는 깨끗이 씻어 5㎝ 길이로 썬다.

4 〈양념장〉 모든 재료를 섞어 양념장을 만든다.

5 2의 버섯과 부추, 배를 섞어 양념장을 넣고 무친다.

6 소면을 삶아 찬물에 헹군 후 나머지 참기름과 **5**의 버섯 무침을 넣고 버무려 접시에 담는다.

만가닥버섯수제비

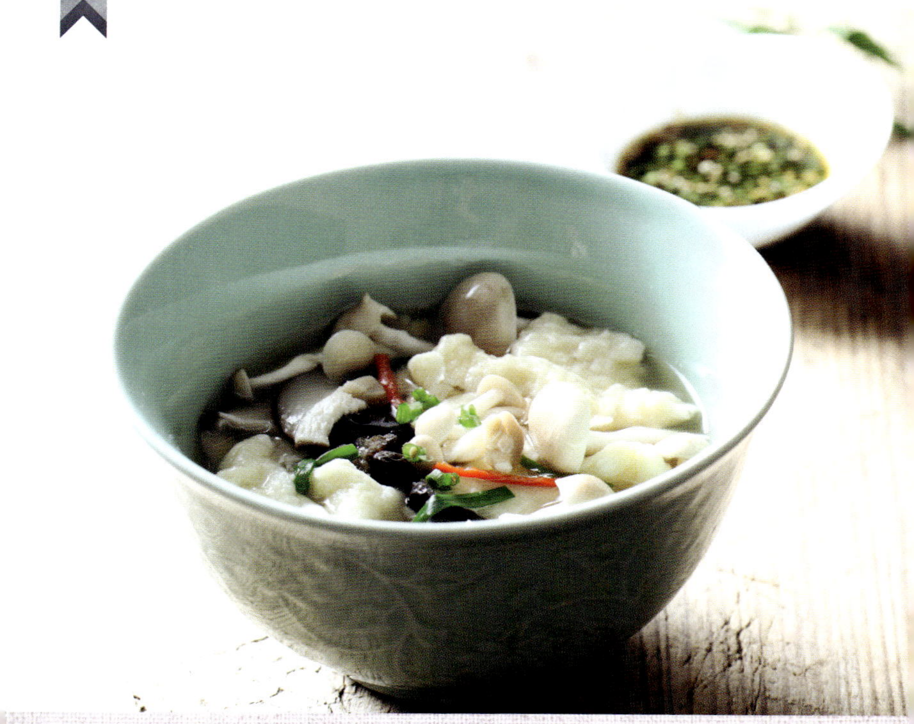

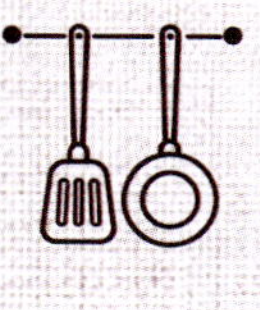

1인분

총열량 708kcal

총가열시간 42분

총조리시간 60분

주요요리도구 냄비, 믹서기

만가닥버섯

재료 만가닥버섯 30g, 표고 10g, 불린 목이 10g, 실파 3g, 홍고추 3g, 다진 마늘 4g, 국간장 4mL, 소금 2.5g, 후추 0.2g, 멸치 육수 300mL

반죽 밀가루 150g, 만가닥버섯 30g, 소금 1g, 물 20mL, 여분의 밀가루

멸치 육수 국물용 멸치 5g, 다시마 2g, 물 500mL

양념 간장 청양고추 5g, 쪽파 5g, 마늘 1.3g, 간장 10mL, 참기름 5mL, 깨소금 2g

—

만드는 법

1 〈반죽〉 만가닥버섯을 깨끗이 씻어 잘게 썬 뒤 분량의 물과 소금을 넣고 믹서에 곱게 간 다음 밀가루를 체에 내려 넣고 부드럽게 반죽한 후 촉촉한 면보로 덮어 20분 정도 숙성시킨다.

2 〈멸치 육수〉 멸치는 내장을 빼고 마른 팬에 말리듯이 볶아 다시마와 분량의 물을 넣고 약한 불에서 30분 정도 끓인 후 고운체에 거른다.

3 만가닥버섯은 가닥을 떼고, 표고는 기둥을 잘라 어슷하게 편으로 썰고, 목이는 한 잎씩 뜯은 다음 각각 끓는 물에 소금을 넣고 데쳐 낸다.

4 실파와 홍고추는 3㎝ 길이로 썰고, 마늘은 곱게 다진다.

5 〈양념 간장〉 청양고추와 쪽파는 송송 썰고 마늘은 곱게 다져 나머지 재료를 넣고 섞는다.

6 멸치 육수(1인분 : 300mL)에 간장과 **3**의 버섯을 넣고 끓이면서 반죽을 얇게 떼어 넣고 반죽이 떠오를 때까지 끓인 후 마늘과 실파, 홍고추를 넣고 소금과 후추로 간하여 잠시 더 끓인다.

7 수제비를 그릇에 담고, 양념 간장은 따로 담아 제공한다.

만가닥버섯장떡

1인분

총열량 114kcal

총가열시간 15분

총조리시간 30분

주요요리도구 프라이팬

만가닥버섯

 만가닥버섯 20g, 두부 13g, 홍고추 3g, 고추장 1.8g, 된장 3.7g, 참기름 1.3mL, 밀가루 10g, 달걀 20g, 물 16.7mL, 식용유 1.3mL, 소금 0.7g, 후추 0.1g

—

만드는 법

1 만가닥버섯은 끓는 물에 소금을 넣고 데쳐 찬물에 식힌 후 잘게 썬다.

2 두부는 면보로 싸서 물기를 짠 후 칼등으로 곱게 으깨고, 홍고추는 송송 썰어 씨를 턴다.

3 으깬 두부에 **1**의 버섯을 넣고 섞으면서 소금, 후추, 참기름으로 간한다.

4 된장과 고추장을 분량의 물에 풀어 체에 거른 다음 밀가루와 달걀을 넣고 잘 섞은 후 **3**의 재료와 홍고추를 넣고 혼합한다.

5 팬에 식용유를 둘러 달군 후 반죽을 한 수저씩 떠 넣고 앞뒤로 노릇하게 지진다.

만가닥버섯탕수

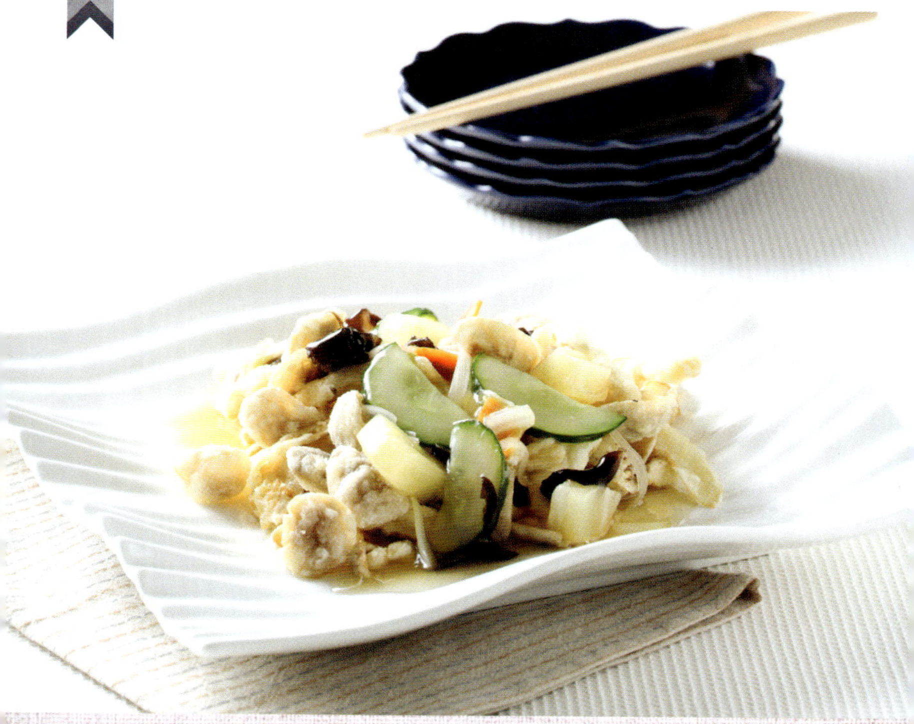

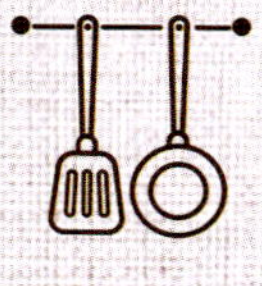

총열량	486kcal	1인분
총가열시간	25분	
총조리시간	50분	
주요요리도구	튀김솥, 냄비	

만가닥버섯

재료 만가닥버섯 100g, 녹말가루 50g, 달걀 20g, 오이 5g, 당근 5g, 배춧잎 5g, 양파 5g, 대파 1.5g, 목이(불린 것) 5g, 파인애플 5g, 생강 0.3g, 튀김유 적당량

양념 식용유 4mL, 식초 15mL, 간장 5mL, 물 88mL, 설탕 40g, 물녹말 8.8mL

만드는 법

1 만가닥버섯은 가닥을 떼고 깨끗이 씻어 물기를 뺀 다음 약간의 소금을 뿌려놓는다.

2 목이는 한 잎씩 뜯고, 배춧잎도 같은 크기로 썰어 끓는 물에 소금을 넣고 데친 후, 찬물에 헹구어 물기를 뺀다. 파인애플은 대추알 크기로 잘라 놓는다.

3 오이와 당근은 반을 갈라 어슷하게 썰고, 양파와 대파는 굵게 채 썰고, 생강은 다진다.

4 **1**의 버섯을 손으로 물기를 꼭 짜서 녹말가루와 달걀을 넣고 버무린 다음 튀김기름(180℃)에 노릇하게 튀긴다.

5 팬에 식용유를 두르고 **2, 3**의 채소를 넣고 살짝 볶다가 간장, 물, 설탕, 식초를 넣고 잠시 끓인 후 물녹말을 풀어 농도를 맞춘다.

6 튀긴 버섯을 접시에 담고 소스를 뿌린다.

소스는 먹기 직전에 섞는다.

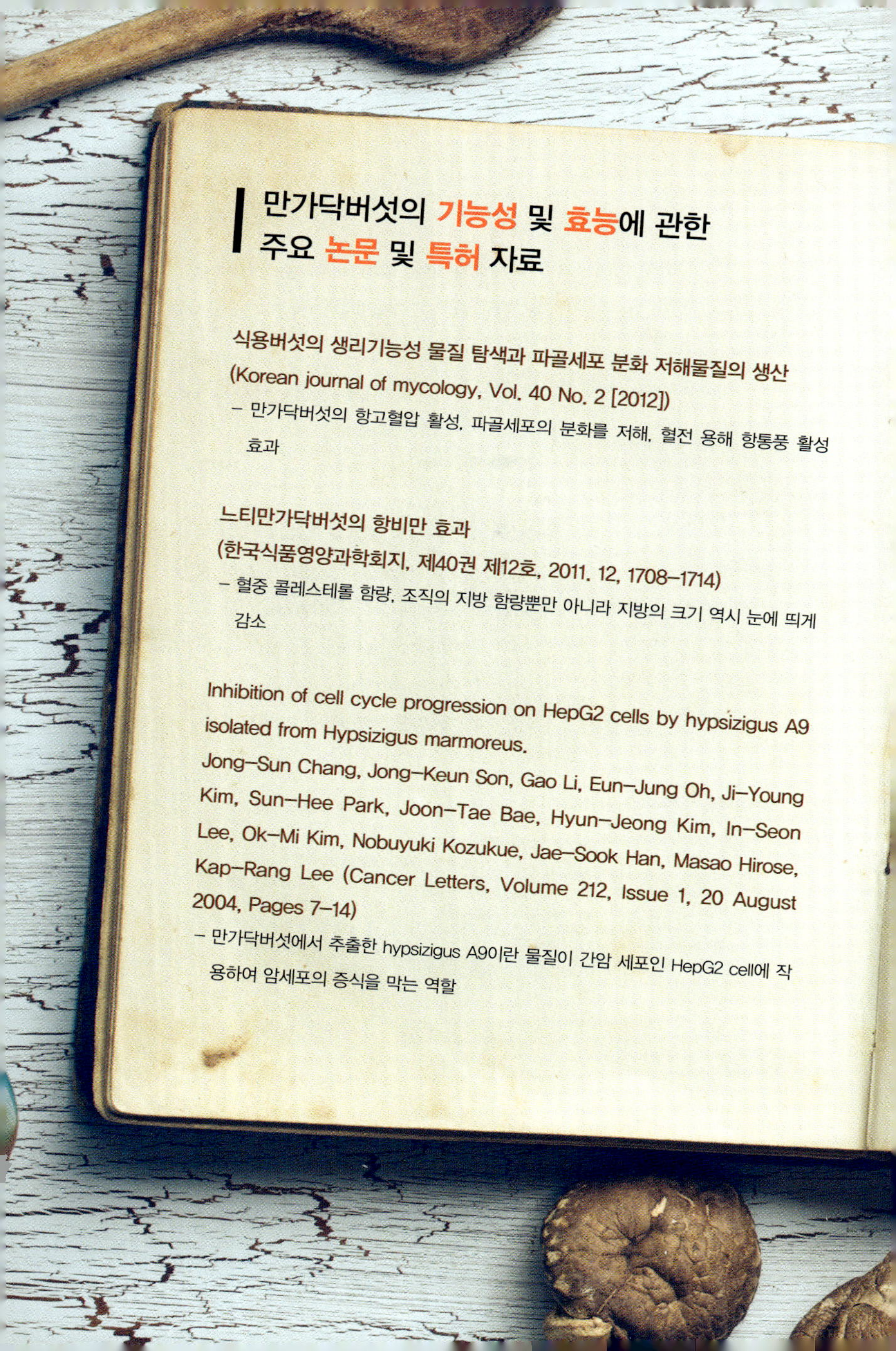

만가닥버섯의 **기능성** 및 **효능**에 관한 주요 **논문** 및 **특허** 자료

식용버섯의 생리기능성 물질 탐색과 파골세포 분화 저해물질의 생산
(Korean journal of mycology, Vol. 40 No. 2 [2012])
- 만가닥버섯의 항고혈압 활성, 파골세포의 분화를 저해, 혈전 용해 항통풍 활성
효과

느티만가닥버섯의 항비만 효과
(한국식품영양과학회지, 제40권 제12호, 2011. 12, 1708–1714)
- 혈중 콜레스테롤 함량, 조직의 지방 함량뿐만 아니라 지방의 크기 역시 눈에 띄게
감소

Inhibition of cell cycle progression on HepG2 cells by hypsizigus A9
isolated from Hypsizigus marmoreus.
Jong–Sun Chang, Jong–Keun Son, Gao Li, Eun–Jung Oh, Ji–Young
Kim, Sun–Hee Park, Joon–Tae Bae, Hyun–Jeong Kim, In–Seon
Lee, Ok–Mi Kim, Nobuyuki Kozukue, Jae–Sook Han, Masao Hirose,
Kap–Rang Lee (Cancer Letters, Volume 212, Issue 1, 20 August
2004, Pages 7–14)
- 만가닥버섯에서 추출한 hypsizigus A9이란 물질이 간암 세포인 HepG2 cell에 작
용하여 암세포의 증식을 막는 역할

Antioxidant properties of extracts from a white
mutant of the mushroom Hypsizigus marmoreus
Lee, Y.-L., Jian, S.-Y., Lian, P.-Y., Mau, J.-L.
(Journal of Food Composition and Analysis, Volume
21, Issue 2, March 2008, Pages 116–124)
– 만가닥버섯의 항산화 효과

참송이는 주름버섯목에 속하지만 버섯갓이 퇴화되어 벌어지지 않아 주름살이 없다. 참송이는 표고의 변종으로, 송이와 표고의 중간 형태를 지니고 있으며 참송이는 상품명이다. 자연산 송이와 거의 차이를 못 느낄 정도로 향과 모양이 송이와 비슷하다. 맛과 모양, 육질 등에 있어서는 송이(松)의 옷을 입은 식용버섯이다. 참송이는 면역력을 증강시키는 렌티난의 원료인 베타 글루칸을 26.2 함유한 것으로 밝혀져 약용버섯(Medicinal Mushroom)이라고도 할 수 있다. 생버섯을 찢어서 소금기름장에 찍어 꼭꼭 씹으면 입안의 버섯향이 온종일 지속된다. 또한 참송이를 잘게 찢어 파프리카, 브로콜리 등 채소를 살짝 소금에 간하여 볶은 후 피자치즈를 듬뿍 얹어 먹으면 그 맛이 환상적이다.

Part

08

참송이

학 명	*Lentinula edodes* (Berk.) Pegler
분 류	주름버섯목 느타리과 표고속
분 포	한국, 일본, 중국, 타이완
서 식	표고는 가을에 참나무류·밤나무·서어나무 등 활엽수에 발생하고, 참송이는 표고의 한 종류로 톱밥 배지를 이용해 연중 생산

참송이 손질법

흐르는 물에 가볍게 씻은 후 물기를 제거하고 조리에 사용한다.

참송이 보관법

참송이는 수분 손실을 막아주는 표피가 얇은 특성이 있으므로 보관기간을 길지 않게 하고, 사용하고 남은 버섯은 버섯 구매 시 담겼던 포장용기에 담거나 키친타월에 싸서 냉장보관한다.

참송이떡잡채

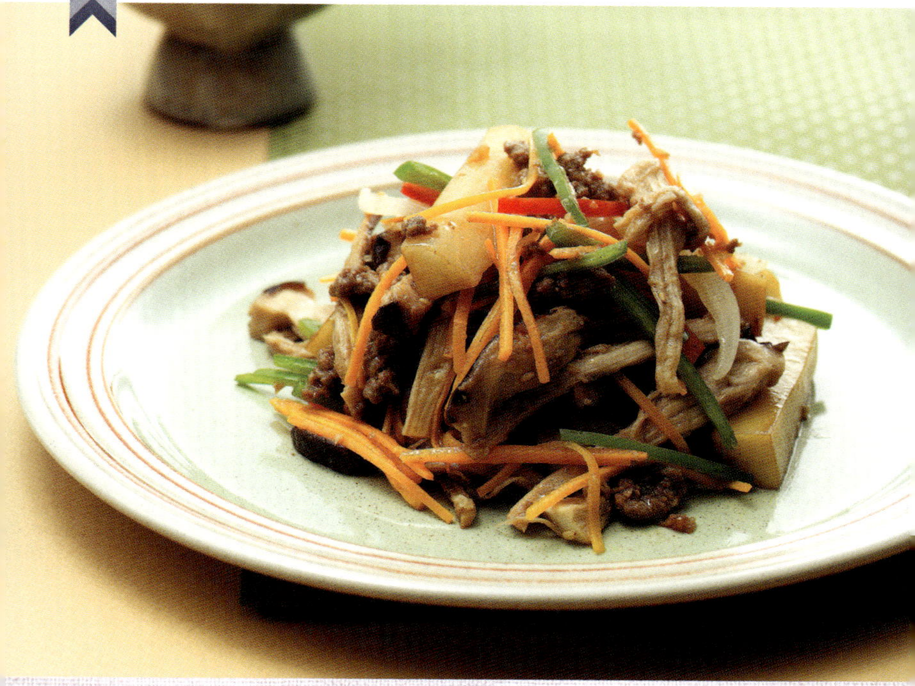

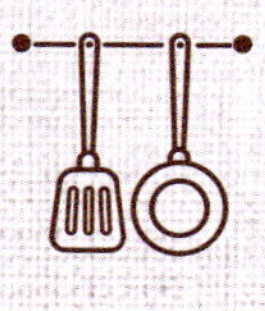

총열량	286kcal
총가열시간	20분
총조리시간	60분
주요요리도구	프라이팬

1인분

참송이

재료 가래떡 80g, 다진 쇠고기 20g, 참송이 20g, 양파 20g, 당근 10g, 피망 7g, 붉은 파프리카 7g, 소금 0.1g

고기 양념 간장 7.5mL, 설탕 2.5g, 다진 파 2.5g 다진 마늘 1.5g, 참기름 1.5g, 깨소금 1g, 후춧가루 0.1g

떡 양념 간장 5mL, 참기름 3.5mL

—

만드는 법

1 가래떡은 4~5㎝ 길이로 잘라 길이로 4등분하여 끓는 물에 데친 후에 떡 양념에 30분 정도 재운다.

2 참송이는 마른 수건으로 지저분한 부분을 닦아준 후에 얇게 찢어준다.

3 쇠고기와 참송이는 각각 고기 양념에 재운다.

4 양파는 길이대로 채 썰어 프라이팬에 소금을 약간 넣고 볶는다.

5 당근은 떡과 같은 길이로 잘라 채 썰어 소금을 약간 넣고 볶는다.

6 피망과 파프리카는 가늘게 채 썰어 각각 소금으로 간을 하여 볶는다.

7 달군 팬에 기름을 두르고 쇠고기와 참송이를 볶다가 나머지 채소를 넣고 함께 볶는다.

8 7에 떡 양념에 재운 가래떡을 넣고 맛이 그루 배도록 뒤적이면서 볶는다.

떡에 간이 잘 배지 않으면 떡 삶은 국물을 버리지 않고 3큰술 정도 두었다가 떡을 볶을 때에 함께 넣어준다.

참송이너비아니구이

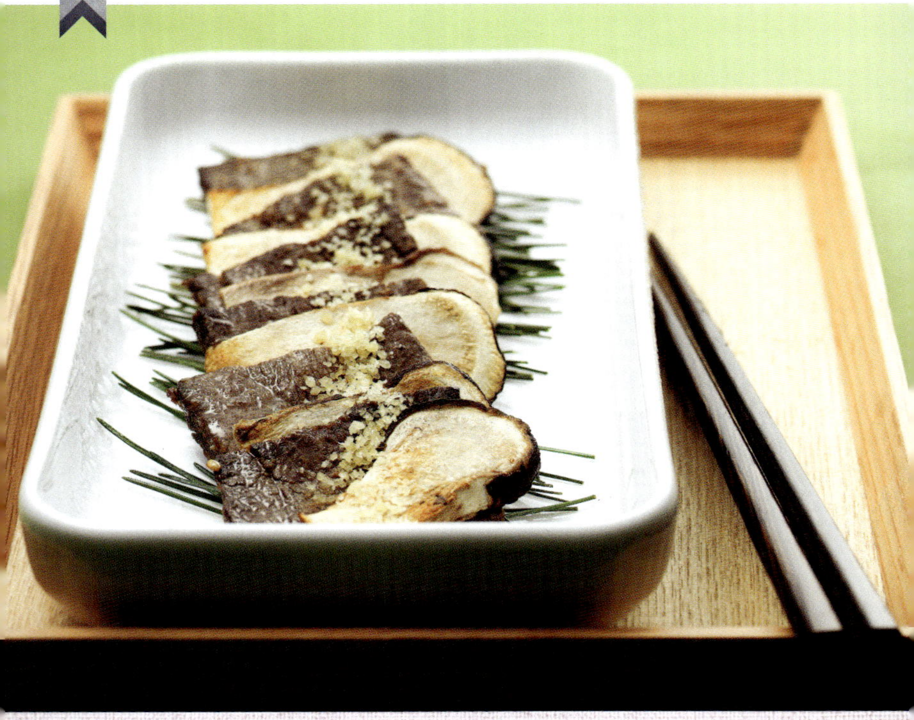

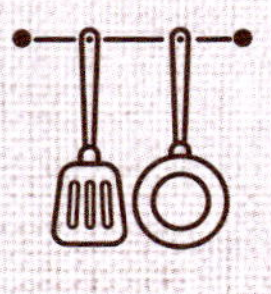

1인분

총열량 312kcal

총가열시간 20분

총조리시간 50분

주요요리도구 프라이팬

참송이

재료 쇠고기(살치살) 110g, 참송이 25g, 참기름 2mL, 잣가루 2g

고기 양념 진간장 15mL, 배즙 15mL, 설탕 7.5g, 생강즙 1.5mL, 꿀 1.5mL, 다진 파 3.5g, 다진 마늘 1.5g, 깨소금 1.8g, 참기름 3.5mL, 후춧가루 0.5g

—

만드는 법

1 참송이는 마른 수건으로 지저분한 부분을 닦아준 후에 도톰하게 편으로 썬다.

2 쇠고기는 키친타월로 핏물을 닦아낸 다음 힘줄이나 기름기를 제거한다. 쇠고기를 5×10㎝ 크기로 도톰하게 저며 썬 후에 군데군데 칼집을 넣어 부드럽게 한다.

3 분량의 재료를 섞어 고기 양념을 만든다.

4 쇠고기를 한 장씩 **3**의 고기 양념에 앞뒤로 고루 적셔 간이 배도록 30분 이상 재둔다.

5 뜨겁게 달군 석쇠나 프라이팬에 참기름을 살짝 두르고 참송이를 구운 후에 쇠고기를 굽는다.

6 그릇에 쇠고기를 담고 사이사이에 참송이를 얹어 잣가루를 뿌려 낸다.

참송이유자소스냉채

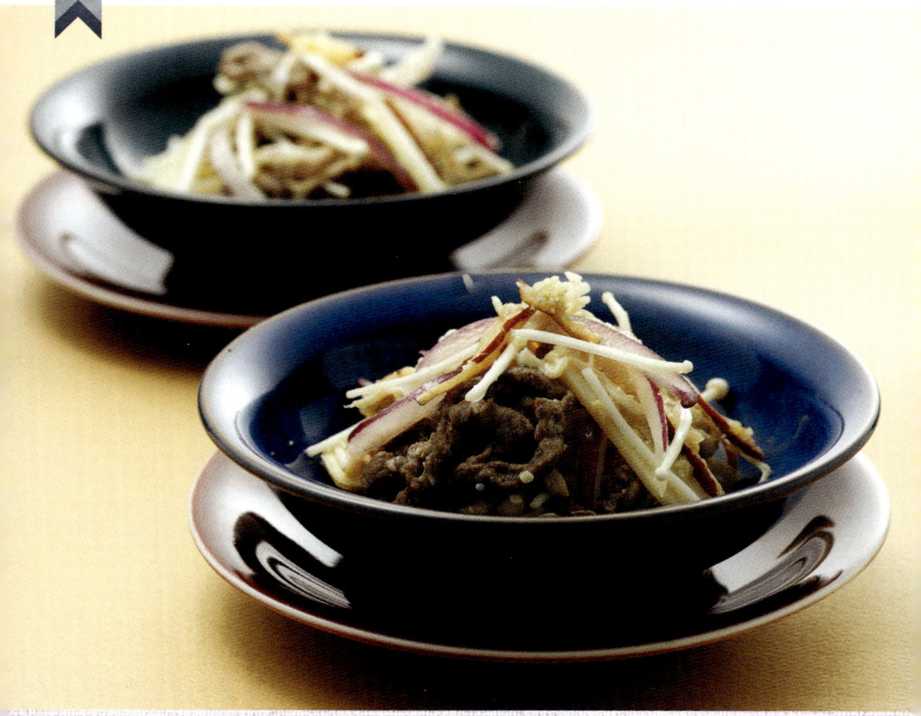

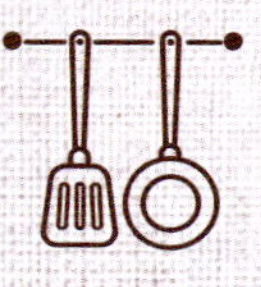

1인분

총열량	163kcal
총가열시간	20분
총조리시간	40분
주요요리도구	프라이팬, 찜기

참송이

재료 참송이 20g, 팽이 15g, 쇠고기(불고기감) 15g, 적양파 10g, 죽순 5g, 깐 밤 3g, 대추 2g

버섯 밑간 양념 참기름 2.5mL, 소금 0.5g, 흰 후춧가루 0.1g

쇠고기 양념 맛술 1.5mL, 참기름 0.5mL, 후춧가루 0.1g

연겨자 유자 소스 식초 10.5mL, 연겨자 9mL, 잣가루 9g, 유자청 7.5mL, 올리고당 3mL, 다진 마늘 3g, 소금 1.5g

—

만드는 법

1 참송이는 마른 수건으로 지저분한 부분을 닦아준 후에 결대로 가늘게 찢어준다. 참송이에 버섯 양념으로 밑간한 후에 프라이팬에 기름없이 굽는다.

2 팽이는 밑동을 잘라 흐르는 물에 깨끗이 씻은 후에 체에 밭쳐 물기를 뺀 다음 반으로 자른다.

3 쇠고기를 먹기 좋은 크기로 썰어 쇠고기 양념에 10분간 재운 후에 굽는다.

4 적양파는 얇게 채 썬다.

5 죽순은 모양을 살려 얇게 썬다.

6 밤은 얇게 편으로 썬다.

7 대추는 돌려 깎아 씨를 제거한 후에 가늘게 채 썬다.

8 분량의 재료를 섞어 연겨자 유자 소스를 만든다.

9 큰 볼에 준비한 재료를 모두 넣고 연겨자 유자 소스에 버무려 낸다.

참송이오이초무침

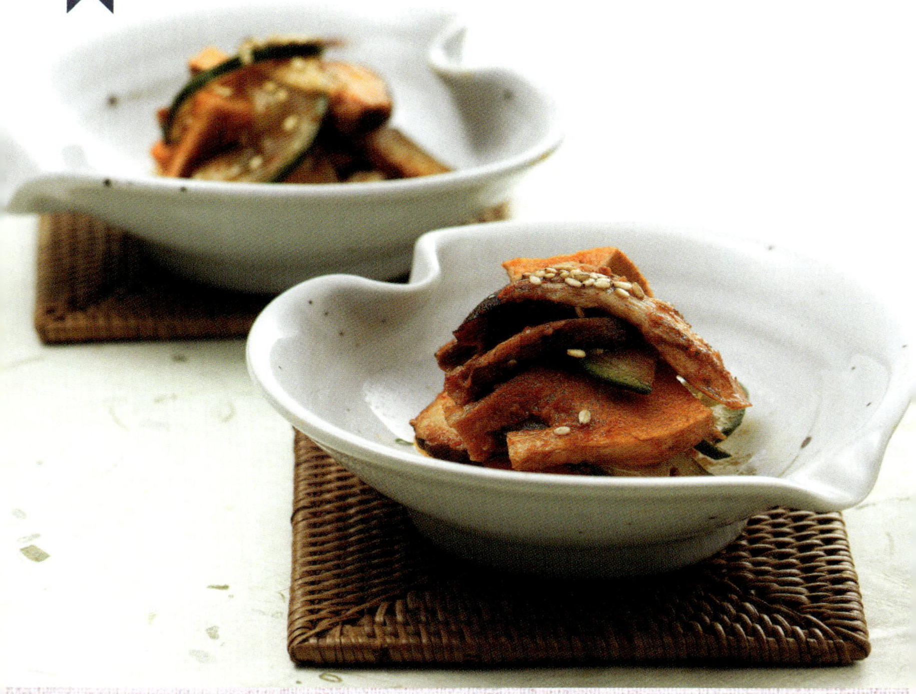

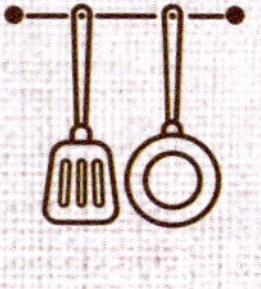

1인분

총열량	39kcal
총가열시간	5분
총조리시간	20분
주요요리도구	프라이팬

참송이

재료 참송이 30g, 오이 20g, 통깨 1g

초양념 고추장 3.5g, 식초 2.5mL, 올리고당 2mL, 고춧가루 1.5g, 설탕 1.5g, 간장 1mL

만드는 법

1 참송이는 마른 수건으로 지저분한 부분을 닦아준 후 먹기 좋은 크기로 썬다.

2 달군 프라이팬에 기름을 두르지 않고 참송이를 굽는다.

3 오이는 어슷 썰어 소금에 10분 정도 절인 후에 면보에 싸서 물기를 가볍게 짠다.

4 분량의 재료를 섞어 초양념을 만든다.

5 먹기 직전에 버섯과 오이를 양념에 무쳐 통깨를 고루 뿌려 낸다.

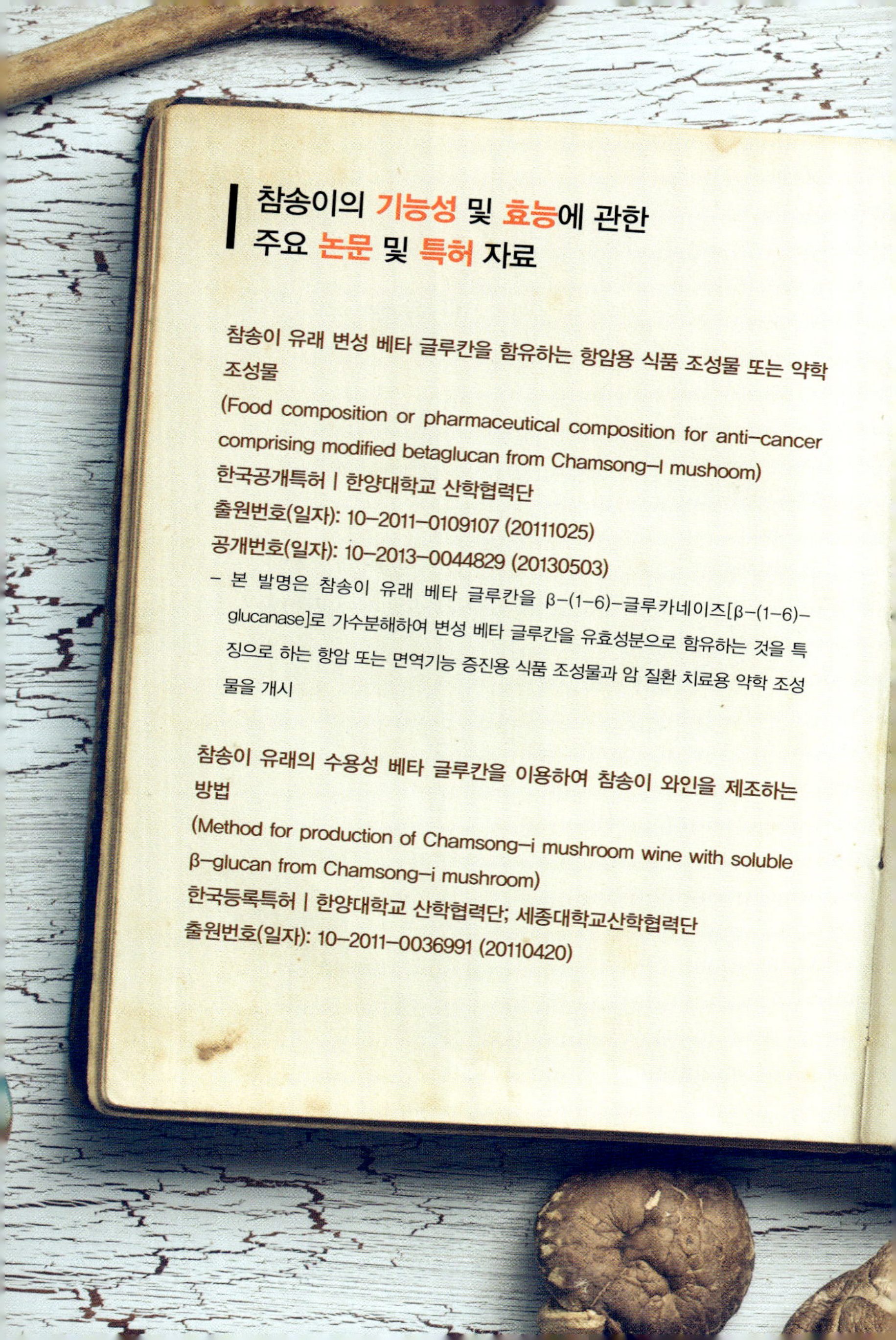

참송이의 **기능성** 및 **효능**에 관한 주요 **논문** 및 **특허** 자료

참송이 유래 변성 베타 글루칸을 함유하는 항암용 식품 조성물 또는 약학 조성물

(Food composition or pharmaceutical composition for anti-cancer comprising modified betaglucan from Chamsong-I mushoom)

한국공개특허 | 한양대학교 산학협력단

출원번호(일자): 10-2011-0109107 (20111025)

공개번호(일자): 10-2013-0044829 (20130503)

- 본 발명은 참송이 유래 베타 글루칸을 β-(1-6)-글루카네이즈[β-(1-6)-glucanase]로 가수분해하여 변성 베타 글루칸을 유효성분으로 함유하는 것을 특징으로 하는 항암 또는 면역기능 증진용 식품 조성물과 암 질환 치료용 약학 조성물을 개시

참송이 유래의 수용성 베타 글루칸을 이용하여 참송이 와인을 제조하는 방법

(Method for production of Chamsong-i mushroom wine with soluble β-glucan from Chamsong-i mushroom)

한국등록특허 | 한양대학교 산학협력단; 세종대학교산학협력단

출원번호(일자): 10-2011-0036991 (20110420)

공개번호(일자): 10-2012-0119185 (20121030)
등록번호(일자): 10-1297727-0000 (20130812)
- 참송이 유래의 수용성 베타 글루칸을 첨가하여 참송이 와인을
  제조하는 방법에 관한 것으로, 상품성이 우수하고, 영양학적
  으로도 바람직한 참송이 와인 제조

모양이 노루궁뎅이를 닮았다고 하여 노루궁뎅이라고 하는데 중국에서는 '원숭이머리버섯'이라고 불린다. 자실체는 지름 25cm 미만으로 초기에는 달걀 모양 또는 반구형으로 성장한다. 일본과 중국 등에서 이미 식품원료로 널리 사용되고 있으며 그 기능성이 알려지면서 우리나라에서도 점차 재배가 확대되고 있는 버섯이다. 베타 글루칸 함량이 가장 높은 버섯으로 높은 항산화 활성과 항돌연변이 및 암세포 증식 억제 활성을 나타내어 향후 다양한 목적의 건강기능성 소재로 활용될 수 있을 것으로 기대된다. 노루궁뎅이는 뇌 손상에 의한 뇌신경세포의 세포사멸 억제 효과가 있어 뇌 손상의 예방 또는 치료를 위한 약학적 조성물로 사용할 수 있다. 또한 노루궁뎅이 추출물은 학습능력 또는 기억력 향상과 관련된 해마 신경줄기세포의 세포증식과 뇌신경세포의 생존을 증가시킬 수 있다는 사실이 확인되었다. 이뿐만 아니라 위염에 대하여 우수한 억제 효과를 가지고 있는 것으로 밝혀져 노인, 학생, 직장인의 건강을 유지하고 개선하는 데 좋은 건강보조식품으로 활용 가능성이 높은 버섯이다.

노루궁뎅이

학 명 *Hericium erinaceus* (Bull.) Pers.
분 류 민주름버섯목 산호침버섯과 산호침버섯속
분 포 한국, 일본, 중국 등에 분포
서 식 가을철 떡갈나무나 너도밤나무 등 활엽수의 그목이나 생목에서 발생

노루궁뎅어 손질법

흐르는 물에 가볍게 씻은 후 물기를 제거하고 결에 따라 찢어 조리에 사용한다. 건조된 노루궁뎅이는 물에 불려 요리해도 좋다.

노루궁뎅이 보관법

사용하고 남은 버섯은 버섯 구매 시 담겼던 포장용기어 담거나 키친타월에 싸서 냉장보관한다.

노루궁뎅이순두부들깨탕

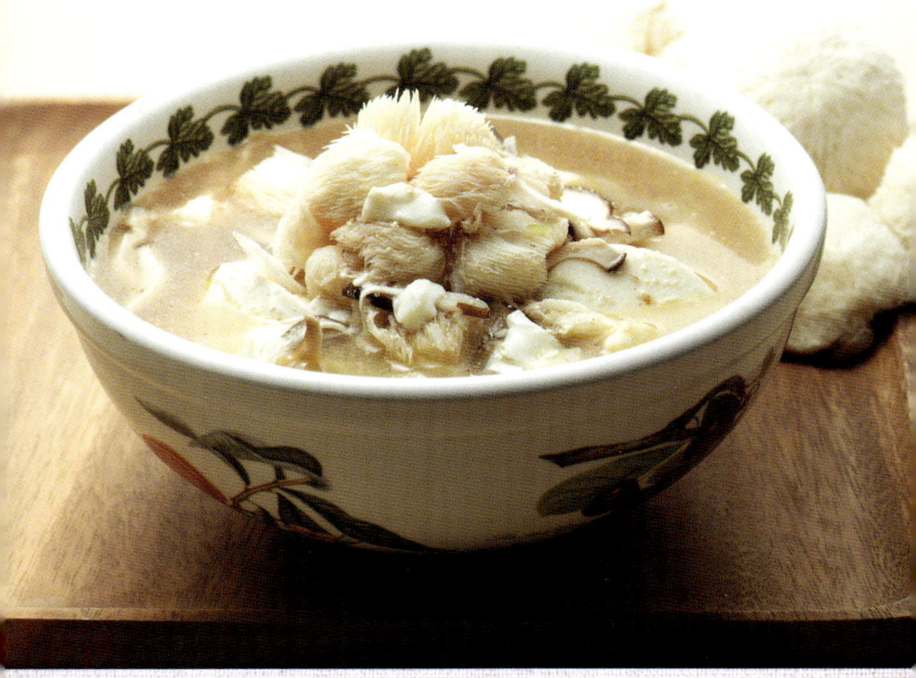

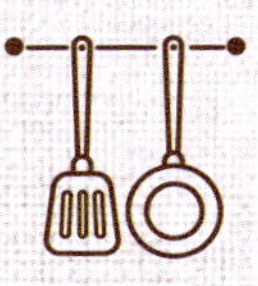

1인분

총열량 113kcal

총가열시간 25분

총조리시간 40분

주요요리도구 냄비

노루궁뎅이

재료 노루궁뎅이 30g, 생표고 20g, 팽이 10g, 순두부 30g, 대파 3g,
들깻가루 12.5g, 다진 마늘 3.5g, 들기름 2mL, 쌀뜨물 100mL,
다시마국물 150mL(물 180mL, 다시마 0.7g), 소금 1.5g

—

만드는 법

1 노루궁뎅이는 깨끗이 씻어 먹기 좋은 크기로 굵게 찢은 후에 물에 10분
정도 담가 쓴맛을 제거한다.

2 생표고는 밑동을 잘라 곱게 채 썬다.

3 팽이는 밑동을 자른 후에 흐르는 물에 깨끗이 씻어 물기를 제거한다.

4 냄비에 쌀뜨물과 다시마물을 붓고 끓이다가 국물이 끓어오르면 들깻가
루와 버섯을 넣고 끓인다.

5 국물이 한소끔 끓어오르면 순두부와 다진 마늘을 넣고 끓이다가 소금으
로 간을 한다.

6 마지막으로 팽이와 어슷 썬 대파를 올려 잠시 더 끓인 후에 들기름을 떨
어뜨려 그릇에 담아낸다.

노루궁뎅이된장수제비

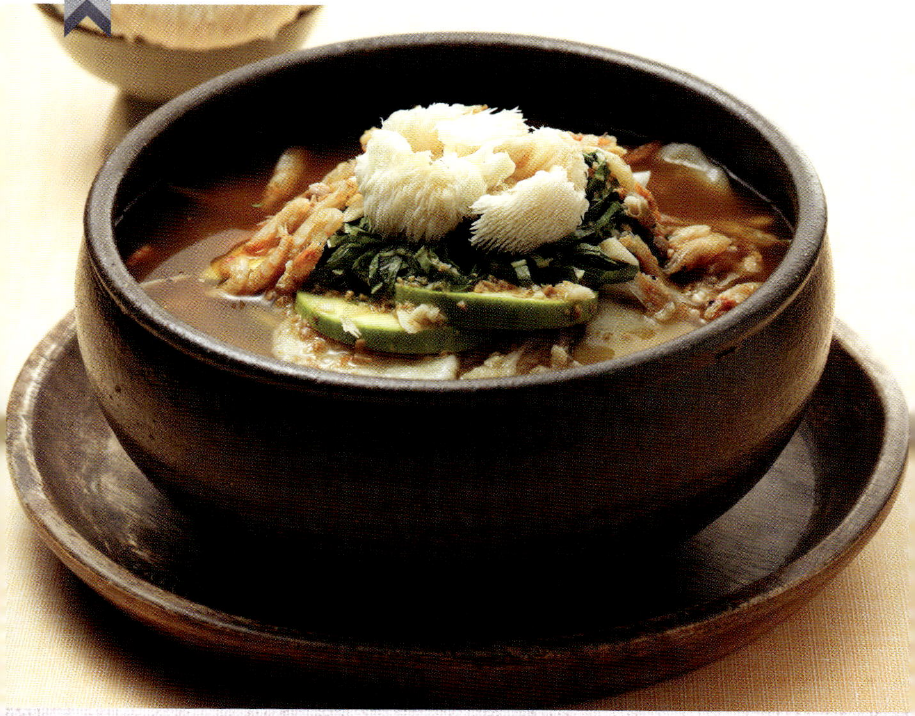

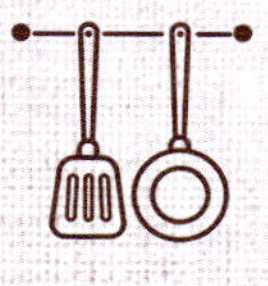

총열량	405kcal
총가열시간	20분
총조리시간	50분
주요요리도구	냄비

1인분

노루궁뎅이

재료 노루궁뎅이 40g, 애호박 30g, 감자 30g, 양파 20g, 대파 7g,
깻잎 5g, 보리새우 5g, 다진 마늘 3g, 된장 12g
멸치다시마국물 400mL(물 450mL, 맛술 20mL, 다시멸치 10g, 다시마 2g),
수제비 반죽 밀가루 100g, 소금 1.5g, 식용유 1.5mL, 물 25mL

—

만드는 법

1 큰 볼에 밀가루와 소금을 넣고 물을 조금씩 넣어가면서 반죽을 한 다음 약 30분 정도 젖은 행주로 덮어둔다.

2 노루궁뎅이는 먹기 좋은 크기로 찢는다.

3 애호박과 감자는 도톰하게 반달로 썬다.

4 양파는 굵게 채 썰고, 대파는 어슷 썬다.

5 깻잎은 깨끗이 씻어 돌돌 말아 곱게 채 썬다.

6 멸치다시마국물에 된장을 푼 다음 물이 끓으면 수제비 반죽을 조금씩 뜯어 넣고 끓인다. 수제비가 익어서 떠오르기 시작하면 호박, 감자, 양파, 보리새우를 넣고 끓인다. 재료가 어느 정도 익으면 노루궁뎅이와 대파를 넣고 잠시 더 끓인다.

7 그릇에 수제비를 담고 그 위에 깻잎을 얹어 낸다.

수제비 반죽을 할 때에 식용유 1큰술을 넣고 반죽하면 반죽이 부드럽다. 수제비 반죽을 만들기 번거로우면 시중에서 판매되고 있는 감자 수제비를 넣어도 좋다.

노루궁뎅이우거지된장찌개

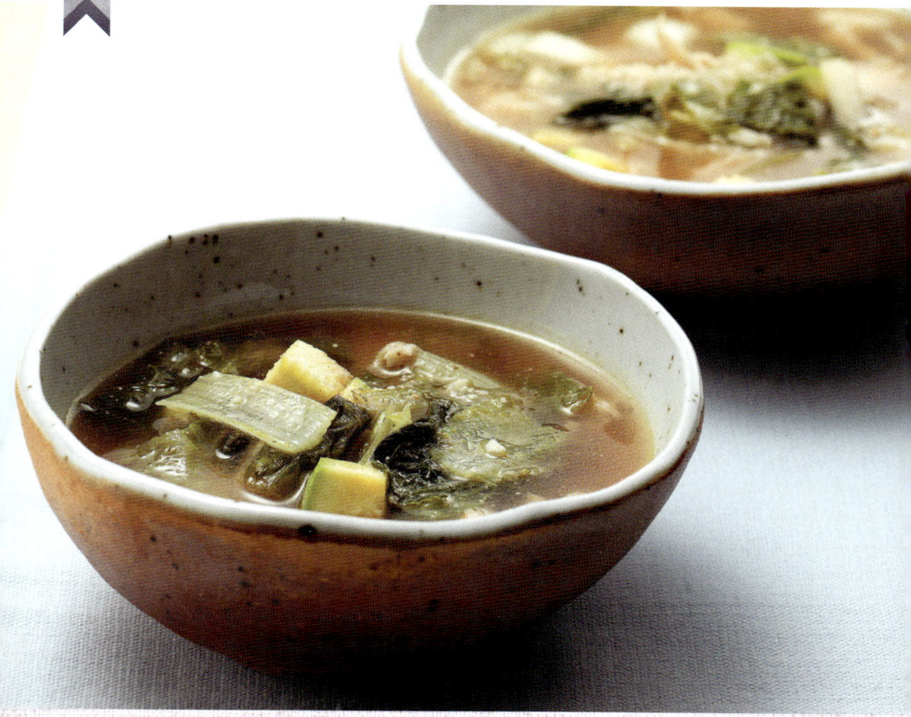

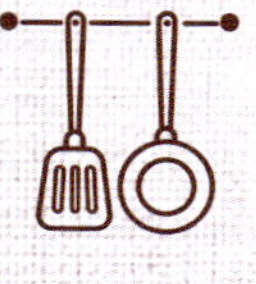

총열량 131kcal

총가열시간 30분

총조리시간 50분

주요요리도구 믹서기, 냄비

노루궁뎅이

재료 노루궁뎅이 20g, 우거지 20g, 애호박 15g, 양파 10g,
다시멸치 5g, 쌀뜨물 150mL, 들깨 15g, 물 100mL, 청양고추 3.5g,
홍고추 3.5g, 대파 3g, 소금 1g

우거지 양념 된장 8g, 다진 마늘 3.5g, 참기름 3.5mL, 후춧가루 0.1g

—

만드는 법

1 노루궁뎅이는 먹기 좋은 크기로 찢은 후에 물에 20분 정도 담가 쓴맛을
제거한다.

2 우거지를 끓는 물에 삶아 찬물에 헹궈 물기를 꼭 짠다. 삶은 우거지를 3㎝
길이로 송송 썬 뒤 우거지 양념에 조물조물 무친다.

3 애호박과 양파는 깍둑썰기 한다.

4 고추와 대파는 어슷 썬다.

5 냄비에 쌀뜨물과 다시멸치를 넣고 8분간 끓인 뒤 멸치를 건져 낸다.

6 믹서에 물과 들깨를 넣고 곱게 간다.

7 뚝배기에 우거지 양념한 것과 노루궁뎅이, 호박, 양파를 넣고 멸치 우린
물을 부어 끓이다가 국물이 한소끔 끓어오르면 들깨 간 것을 넣고 끓인다.

8 어느 정도 재료가 익으면 고추와 대파를 넣고 잠시 더 끓인 후 소금으로
간을 한다.

노루궁뎅이바삭강정

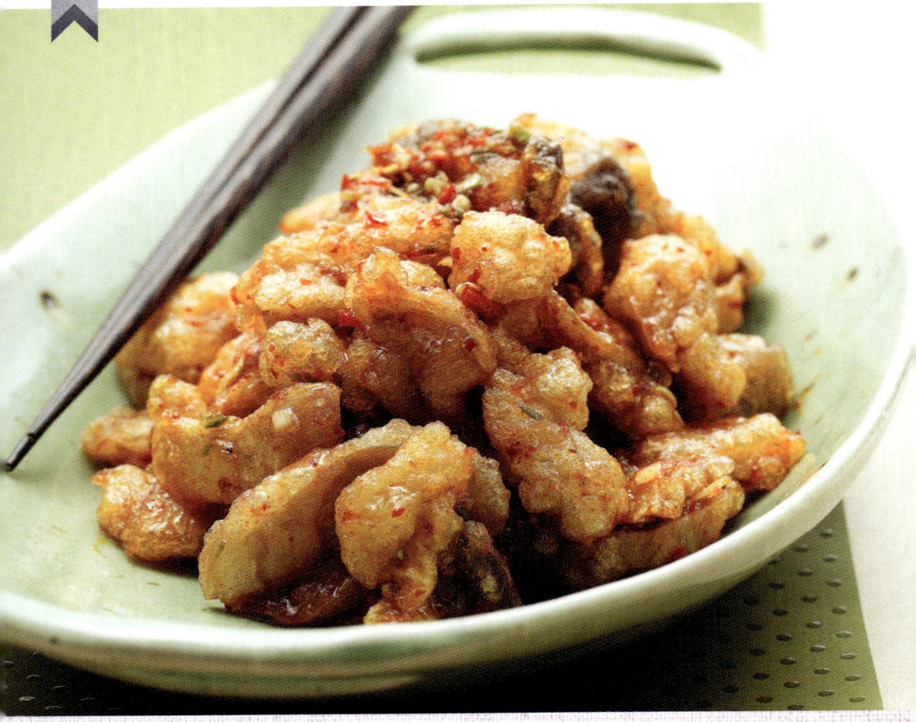

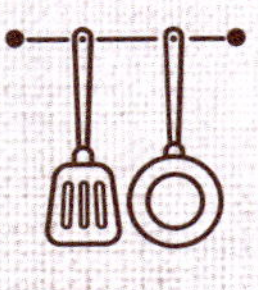

1인분

총열량 505kcal

총가열시간 30분

총조리시간 50분

주요요리도구 튀김솥

노루궁뎅이

재료 노루궁뎅이 50g, 생표고 30g, 새송이 30g, 녹말가루 40g, 소금 1g, 식용유 150mL, 통깨 2g

강정 소스 간장 5mL, 물엿 5mL, 매실청 2mL, 홍고추 2g, 풋고추 2g, 맛술 2mL, 참기름 2mL, 고추장 1.5g, 고춧가루 1.5g, 다진 파 1.5g, 다진 마늘 1g

—

만드는 법

1 각각의 버섯은 깨끗이 씻은 후에 한입 크기로 썰어 끓는 물에 소금을 넣고 살짝 데친 다음 키친타월로 물기를 제거한다.

2 홍고추와 풋고추는 곱게 다진다.

3 비닐봉투에 녹말가루와 버섯을 함께 넣고 고루 흔들어 섞어 준다.

4 냄비에 분량의 강정 소스 재료를 모두 넣고 걸쭉하게 될 때까지 끓인다.

5 **3**의 버섯을 180℃의 기름에 바삭하게 튀겨 **4**의 소스가 따뜻할 때에 버무린 뒤 통깨를 뿌려 낸다.

노루궁뎅이시래기마늘솥밥

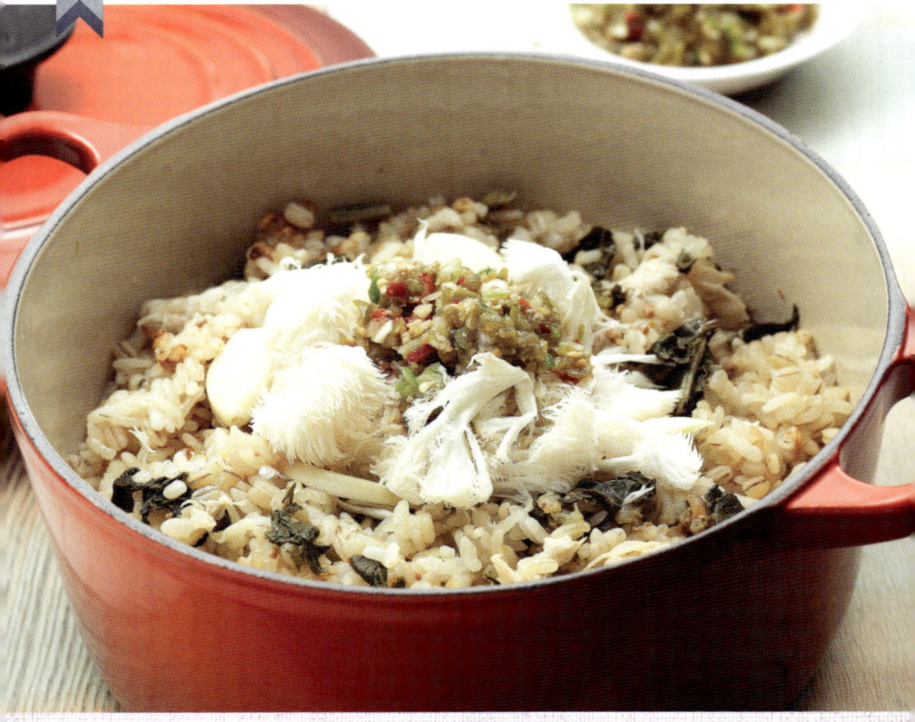

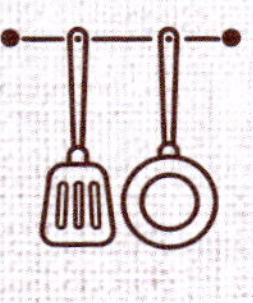

1인분

총열량 373kcal

총가열시간 30분

총조리시간 2시간 30분

주요요리도구 냄비

노루궁뎅이

재료 삶은 시래기 20g, 노루궁뎅이 20g, 간 마늘 2g, 찰보리 30g, 멥쌀 30g,
찹쌀 20g, 다시마국물 125mL(물 150mL, 다시마 2g), 된장 3g, 국간장 2mL, 참기름 1.5mL

양념장 고추 장아찌 12.5g, 홍고추 2.5g, 풋고추 2.5g, 깨소금 2.5g
고추 장아찌 국물 3.5mL, 다진 파 3.5g, 다진 마늘 1.5g, 참기름 3.5mL

만드는 법

1 찰보리, 멥쌀, 찹쌀은 깨끗이 씻어 물에 2시간 이상 불린다.

2 삶은 시래기는 껍질을 벗겨 부드럽게 한 후에 깨끗이 씻어 1㎝ 길이로 송송 썬 다음 된장, 국간장, 참기름을 넣고 조물조물 무친다.

3 노루궁뎅이는 먹기 좋은 크기로 찢는다. 깐 마늘은 편으로 굵게 썬다.

4 냄비에 찰보리, 멥쌀, 찹쌀 등을 참기름에 살짝 볶은 후에 시래기와 마늘을 얹어 분량의 다시마물을 붓고 밥을 짓는다.

5 밥물이 끓어오르면 노루궁뎅이를 넣고 약한 불에서 뜸을 들인다. 밥이 완성되면 위아래 고루 뒤섞고 밥을 푼다.

6 고추 장아찌는 잘게 다진 후에 홍고추 다진 것과 풋고추 다진 것, 다진 파, 다진 마늘, 깨소금, 참기름, 고추 장아찌 국물을 섞어 고추 장아찌 양념장을 만들어 밥에 비벼 먹는다.

다시마의 겉면을 젖은 행주로 닦아 냄비에 물을 붓고 다시마를 살짝 끓여서 다시마물을 준비한다. 다시마는 오래 끓이면 떫은맛이 나므로 물이 한소끔 끓어오르면 불을 끄고 다시마를 건져 낸다. 다시마물에서 비린내가 나면 청주나 맛술을 넣어준다

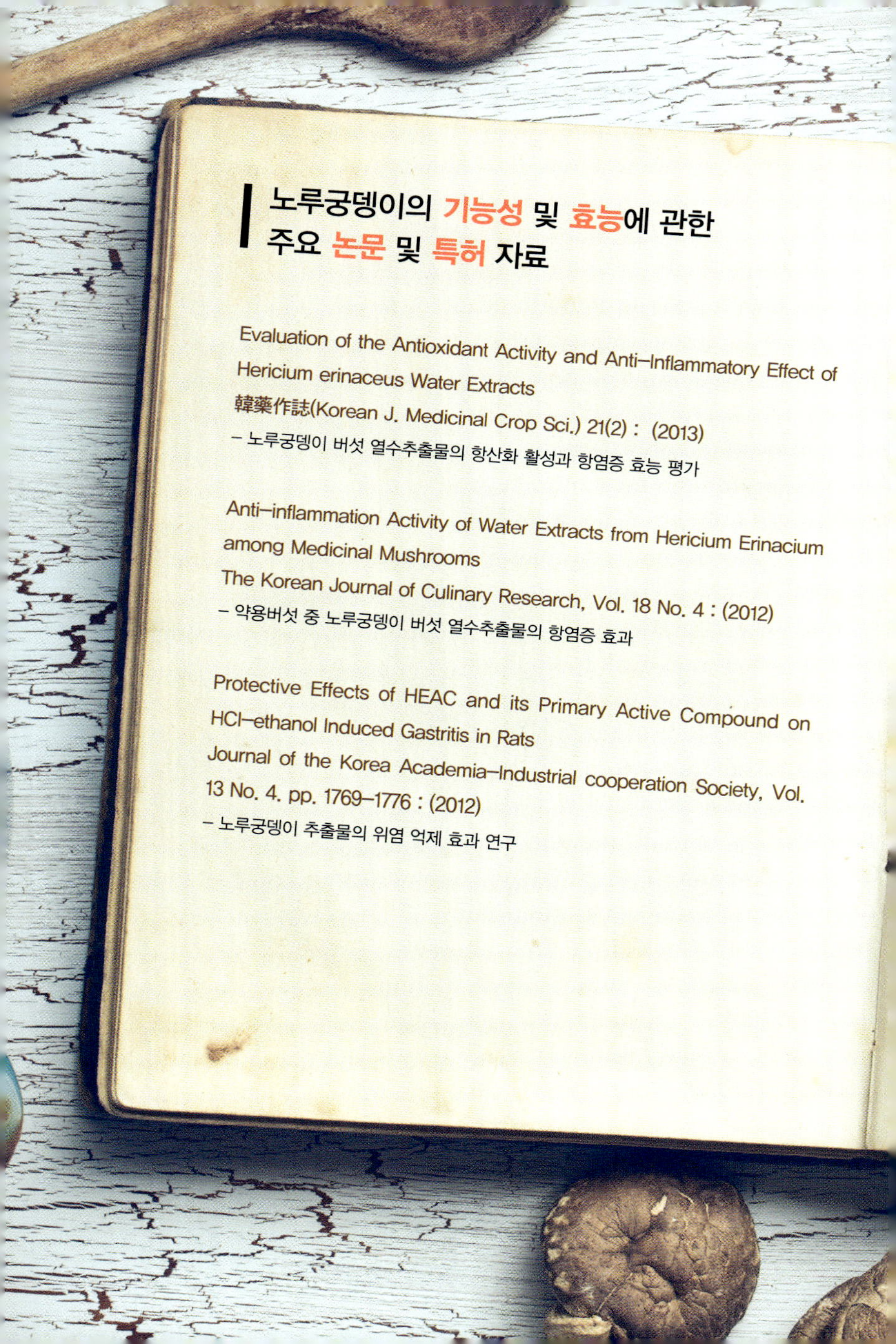

노루궁뎅이의 **기능성** 및 **효능**에 관한 주요 **논문** 및 **특허** 자료

Evaluation of the Antioxidant Activity and Anti-Inflammatory Effect of Hericium erinaceus Water Extracts
韓藥作誌(Korean J. Medicinal Crop Sci.) 21(2) : (2013)
- 노루궁뎅이 버섯 열수추출물의 항산화 활성과 항염증 효능 평가

Anti-inflammation Activity of Water Extracts from Hericium Erinacium among Medicinal Mushrooms
The Korean Journal of Culinary Research, Vol. 18 No. 4 : (2012)
- 약용버섯 중 노루궁뎅이 버섯 열수추출물의 항염증 효과

Protective Effects of HEAC and its Primary Active Compound on HCl-ethanol Induced Gastritis in Rats
Journal of the Korea Academia-Industrial cooperation Society, Vol. 13 No. 4. pp. 1769-1776 : (2012)
- 노루궁뎅이 추출물의 위염 억제 효과 연구

Physicochemical Characteristics and Antioxidant activity, Antimutagenicity, and Cytotoxicityof Hot-water Extract of Hericium erinaceus
KOREAN J. FOOD COOKERY SCI., Vol. 28 No. 5, October : (2012)
- 노루궁뎅이 추출물의 항산화 활성과 항돌연변이 및 암세포 증
식 억제 활성연구

잎새버섯은 형태적으로 버섯갓에 주름살이 없는 것이 느타리 등 다른 버섯과 다른 점인데 은행잎처럼 생긴 갓들이 여러 겹으로 자실체를 형성하며 은은한 향이 난다. 잎새버섯은 식용버섯이면서 약리작용이 뛰어난 기능성 버섯으로 인체의 면역 기능을 활성화시키기 때문에 기존의 항암제와 병행 시 부작용을 줄이면서 효과적으로 암세포를 억제한다고 여겨진다. 잎새버섯의 베타 글루칸은 항암 활성은 물론 면역에 관여하는 NK세포나 대식세포의 활성도 함께 상승시키고, 열수 추출물은 동물실험에서 인슐린에 대한 민감성 효과를 높여 혈당을 내리는 효과가 있는 것으로 보고되었다. 이 밖에도 잎새버섯에는 베타 글루칸이 풍부하게 함유되어 있어 당뇨병·비만(다이어트) 치료, 콜레스테롤 감소, 이뇨, 강장, 항빈혈 등의 효능이 있다고 하며 현재 일본을 필두로 세계적으로 연구가 진행되고 있는 버섯 중의 하나이다. 세계적으로 마이다케로 더 잘 알려질 정도로 일본이 주 소비국인데 건강식품으로 개발되어 오래전부터 건강보조제로 이용되고 있다.

잎새버섯

학 명 *Grifola frondosa* (Dicks.) Gray
분 류 민주름버섯목 구멍장이버섯과 잎새버섯속
분 포 한국, 일본, 중국 등 북반구 온대 이북에 주로 분포
서 식 물참나무, 떡갈나무, 밤나무, 너도밤나무 등 활엽수의 말라죽은 나무에서
매년 여름부터 늦가을에 자연 발생

잎새버섯 손질법

흐르는 물에 가볍게 씻은 후 물기를 제거하고 조리어 사용하되 수분을 잘 흡수하므
로 주의한다.

잎새버섯 보관법

사용하고 남은 잎새버섯은 버섯 구매 시 담겼던 포장용기에 담거나 키친타월에 싸
서 냉장보관한다.
잎새버섯은 살아 있는 동안에는 자기 융해를 하기 때문에 저온에 보관하고 얼리면
MD-프랙션의 화학구조가 바뀌어 활성이 저하될 수 있으므로 가능하면 신선할 때
먹는 것이 바람직하다.

잎새버섯들깨미역국

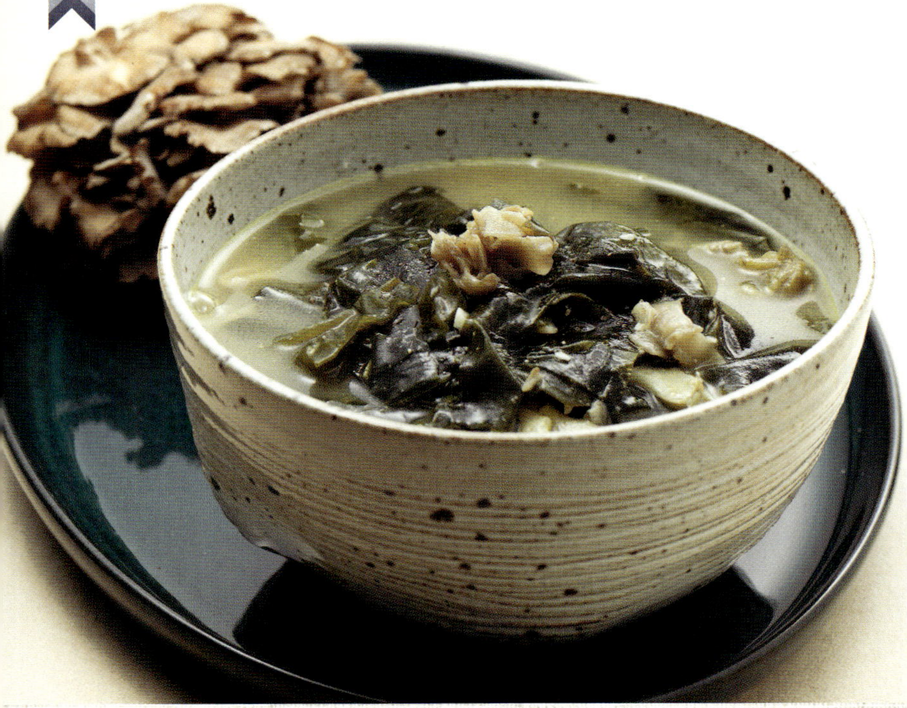

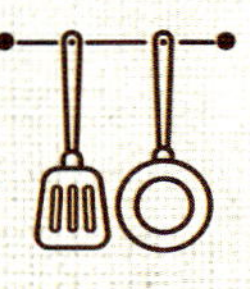

1인분

총열량 70kcal

총가열시간 30분

총조리시간 50분

주요요리도구 냄비

잎새버섯

  건미역 5g, 잎새버섯 30g, 쌀뜨물 300mL, 들깻가루 2.5g,
다진 마늘 1.5g, 국간장 3.5mL, 들기름 2.5mL, 소금 1g

—

1 미역은 찬물에 불려서 바락바락 주물러 씻은 다음 먹기 좋은 크기로 뜯어 놓는다.

2 잎새버섯은 밑동을 자른 후에 깨끗이 씻는다.

3 냄비에 미역을 넣고 들기름과 국간장으로 볶다가 들깻가루를 넣고 볶는다.

4 미역이 녹색으로 변하면 분량의 쌀뜨물을 넣고 끓인다.

5 국물이 끓어오르면 잎새버섯과 다진 마늘을 넣고 약한 불에서 20분 정도 끓인다. 간을 보아 싱거우면 소금으로 간을 맞춘다.

잎새버섯미역줄기볶음

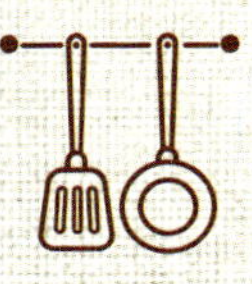

잎새버섯

 미역줄기 30g, 잎새버섯 20g, 양파 10g, 홍고추 5g, 다진 파 3g, 다진 마늘 1.5g, 간장 5mL, 참기름 2.5mL, 통깨 1g

—

만드는 법

1 미역줄기는 찬물에 30분 정도 담가 소금기를 제거한다. 끓는 물에 미역줄기를 데친 후에 찬물에 헹궈 물기를 꼭 짠 다음 먹기 좋은 크기로 썬다.

2 잎새버섯은 밑동을 자른 후에 가늘게 찢는다.

3 양파는 가늘게 채 썬다.

4 홍고추는 반으로 갈라 씨를 제거한 후에 가늘게 채 썬다.

5 달군 프라이팬에 기름을 두르고 미역줄기를 볶다가 잎새버섯, 양파, 홍고추를 넣고 볶는다.

6 재료가 어느 정도 익으면 간장, 파, 마늘, 참기름을 넣고 볶다가 불을 끄고 통깨를 뿌려 낸다.

잎새버섯애호박초나물

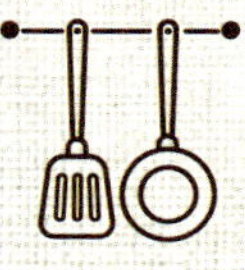

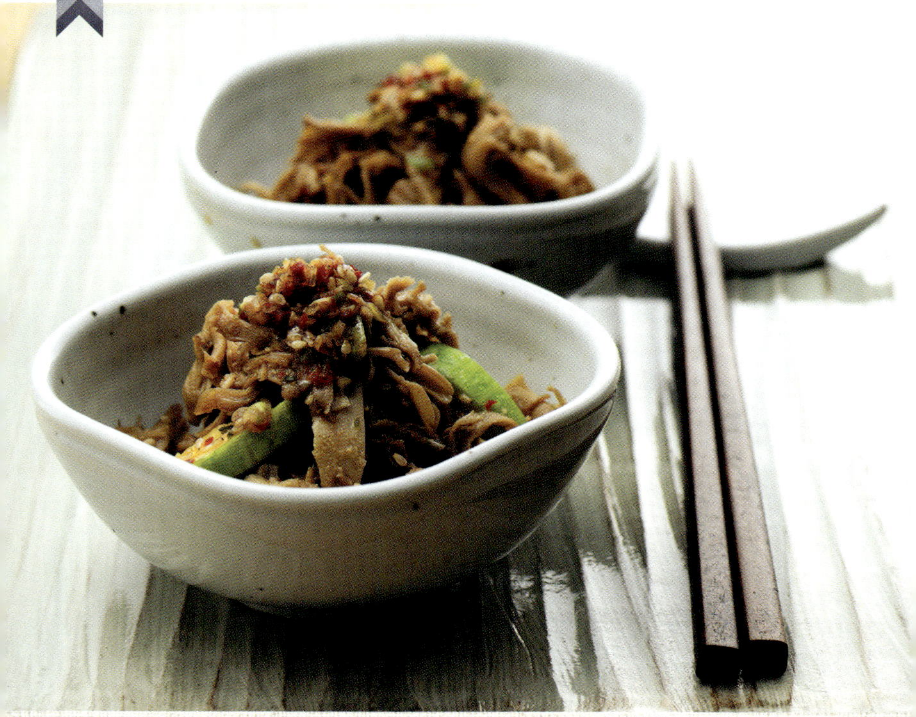

1인분

총열량	46kcal
총가열시간	7분
총조리시간	20분
주요요리도구	찜기, 스텐볼

잎새버섯

재료 애호박 30g, 잎새버섯 20g

양념장 진간장 5mL, 식초 3mL, 설탕 2g, 다진 파 2g, 참기름 1.5mL, 다진 홍고추 1.5g, 다진 풋고추 1.5g, 다진 마늘 1g, 깨소금 0.5g

—

만드는 법

1 애호박은 반으로 자른다.

2 잎새버섯은 밑동을 자른 후에 굵게 찢는다.

3 분량의 재료를 섞어 양념장을 만든다.

4 김이 오른 찜기에 호박과 잎새버섯을 넣고 7분 정도 찐 다음 꺼내어 식힌다.

5 호박을 0.5㎝ 두께로 반달썰기를 한 후에 잎새버섯과 양념장을 넣고 가볍게 버무려 낸다.

잎새버섯들깨소스냉채

1인분

총열량 57kcal

총가열시간 10분

총조리시간 25분

주요요리도구 프라이팬

잎새버섯

재료 잎새버섯 30g, 팽이 10g, 적양파 10g, 홍고추 5g, 풋고추 5g,
식용유 2mL, 소금 1g

들깨 소스 들깻가루 3g, 식초 2.5mL, 연유 2mL, 연겨자 2g,
물 1.5mL, 설탕 1g

—

만드는 법

1 잎새버섯은 밑동을 자른 후에 먹기 좋은 크기로 찢는다.

2 팽이는 밑동을 자른 후에 깨끗이 씻는다.

3 잎새버섯과 팽이를 각각 끓는 물에 소금을 넣고 살짝 데친다.

4 고추는 반으로 갈라 씨를 제거한 후에 곱게 채 썬다.

5 양파는 가늘게 채 썬다.

6 분량의 재료를 섞어 들깨 소스를 만든다.

7 달군 프라이팬에 고추와 양파를 각각 살짝 볶은 후에 식힌다.

8 큰 볼에 각각의 재료를 섞어 먹기 직전에 들깨 소스로 버무려 낸다.

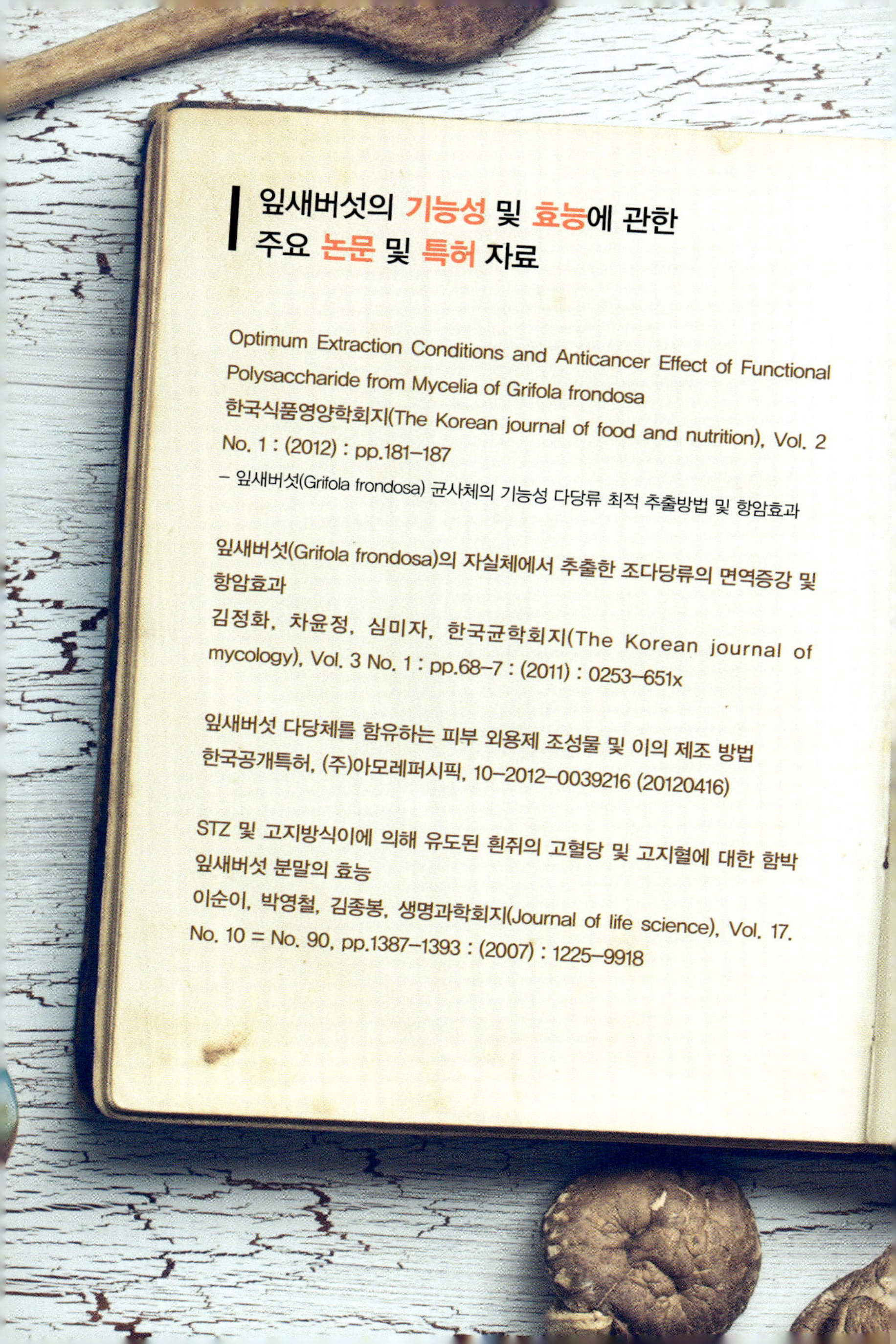

잎새버섯의 **기능성** 및 **효능**에 관한 주요 **논문** 및 **특허** 자료

Optimum Extraction Conditions and Anticancer Effect of Functional Polysaccharide from Mycelia of Grifola frondosa
한국식품영양학회지(The Korean journal of food and nutrition), Vol. 2 No. 1 : (2012) : pp.181–187
– 잎새버섯(Grifola frondosa) 균사체의 기능성 다당류 최적 추출방법 및 항암효과

잎새버섯(Grifola frondosa)의 자실체에서 추출한 조다당류의 면역증강 및 항암효과
김정화, 차윤정, 심미자, 한국균학회지(The Korean journal of mycology), Vol. 3 No. 1 : pp.68–7 : (2011) : 0253–651x

잎새버섯 다당체를 함유하는 피부 외용제 조성물 및 이의 제조 방법
한국공개특허, (주)아모레퍼시픽, 10–2012–0039216 (20120416)

STZ 및 고지방식이에 의해 유도된 흰쥐의 고혈당 및 고지혈에 대한 함박 잎새버섯 분말의 효능
이순이, 박영철, 김종봉, 생명과학회지(Journal of life science), Vol. 17. No. 10 = No. 90, pp.1387–1393 : (2007) : 1225–9918

3T3-L1지방세포 및 제2형 당뇨모델에서 잎새버섯
(Grifola frondosa) 조다당체 추출물의 항당뇨 효과
박금주, 오영주, 이상윤, 한국식품과학회지, Vol. 39 No.
3 = No. 193, pp.330-335 : (2007) : 0367-6293

중국의 신강지방 건조지대에서 자생하는 약용식물인 아위나무에서 자라기 때문에 '아위버섯' 혹은 '아위느타리'로 불린다. 새송이의 변이종인데 국내에서 개량되어 '머쉬마루'라는 상품명으로 유통된다. 생장주기가 짧으며, 생산량이 높고, 질이 좋아서 개발전망이 매우 높은 버섯이다. 국내에서는 충청남도 천안(뜰안채)에서 재배되어 '머쉬마루'라는 상품명으로 유통되며 최근 '아이버섯'이라는 상품도 개발되었다. 식용버섯 중에서 크기가 크고 버섯살이 부드럽고 송이의 맛과 향을 가지고 있어 식용가치가 높다.

새송이에 비해서는 수분 함량이 적고 단백질과 식이섬유, K, Mg 등 무기질이 많다. 수용성 비타민뿐만 아니라 지용성 비타민 함량도 많은데 특히 비타민 E, C, B2 함량이 많다. 아위버섯은 불포화 지방산인 리놀레산도 다소 높게 함유하고 있을 뿐 아니라 열수 추출물과 유기용매 분획물의 항산화 효과, 혈전용해 효과, 트롬빈저해(혈전생성 억제) 등의 효과가 확인되고 있어 기능성 식재료로 활용 가능성을 가지고 있다.

머쉬마루

학 명 *Pleurotus ferulae* (Lanzi) X.L. Maor
분 류 주름버섯목 느타리과 느타리속
분 포 중국
서 식 중국 신강성의 아위나무에 자생

머쉬마루 손질법

흐르는 물에 가볍게 씻은 후 물기를 제거하고 결대로 찢어 조리에 사용한다.

머쉬마루 보관법

사용하고 남은 버섯은 버섯 구매 시 담겼던 포장용기에 담거나 키친타월에 싸서 냉
장보관한다.

머쉬마루들깨탕

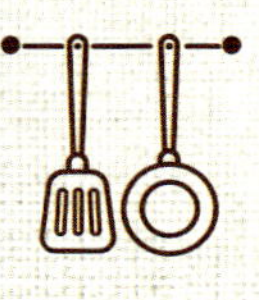

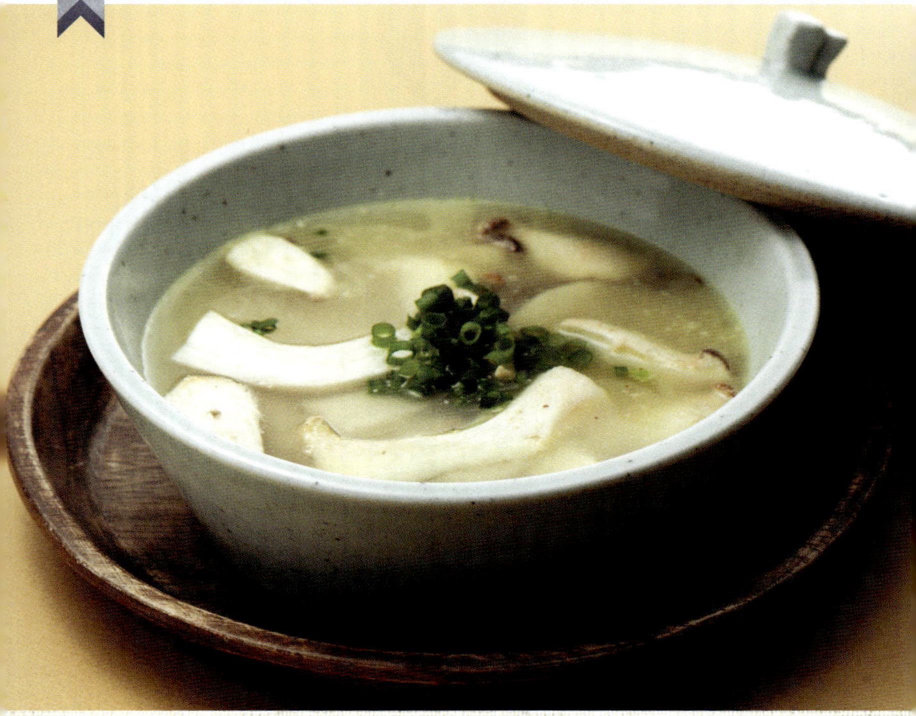

1인분

총열량　167kcal

총가열시간　20분

총조리시간　35분

주요요리도구　냄비

머쉬마루

재료 머쉬마루 40g, 생표고 10g, 양송이 10g, 새송이 10g, 실파 3g,
들깻가루 20g, 들기름 5g, 국간장 7.5mL, 다진 마늘 1.5g, 소금 1g, 물 200mL

만드는 법

1 머쉬마루는 밑동을 잘라 끓는 물에 소금을 넣고 살짝 데친 후에 찬물에
헹궈 물기를 짠 다음 굵게 찢는다.

2 표고와 양송이는 밑동을 잘라 2~3등분한다.

3 새송이는 0.5㎝ 두께로 어슷 썬다.

4 냄비에 들기름을 두르고 버섯을 볶다가 물을 붓고 한소끔 끓인다.

5 국물이 한소끔 끓어오르면 들깻가루를 넣고 센 불에서 끓이다가 국간
장, 소금, 다진 마늘을 넣어 간을 맞춘다.

6 완성된 들깨탕을 접시에 담고 위에 송송 썬 실파를 얹어 낸다.

머쉬마루굴소스덮밥

총열량 378kcal

총가열시간 25분

총조리시간 50분

주요요리도구 소스팬

1인분

머쉬마루

재료 머쉬마루 40g, 피망(청피망과 홍피망) 20g, 양파 20g, 대파 5g, 쌀밥 180g, 물 50mL, 굴소스 10mL, 간장 7.5mL, 맛술 3mL, 고추기름 2mL, 물엿 2mL, 참기름 2mL, 통깨 0.5g, 후춧가루 0.1g, 물녹말 10mL(물 10mL, 녹말가루 10mL), 식용유 3mL

—

만드는 법

1 머쉬마루는 깨끗이 씻은 후에 먹기 좋은 크기로 굵게 찢는다. 머쉬마루 길이가 너무 긴 것은 반으로 잘라준다.

2 피망은 가늘게 채 썬다.

3 양파와 대파는 굵게 채 썬다.

4 달군 팬에 기름을 두르고 양파, 머쉬마루, 피망을 넣고 볶는다.

5 재료가 어느 정도 익으면 굴소스, 간장, 고추기름, 물엿, 맛술, 후춧가루 등을 넣고 볶다가 물을 붓고 끓인다.

6 국물이 한소끔 끓어오르면 대파와 물녹말을 넣고 잠깐 더 끓인 후에 국물이 걸쭉해지면 참기름과 통깨를 뿌리고 불을 끈다.

7 그릇에 밥을 담고 머쉬마루굴소스를 얹어 낸다.

머쉬마루콩나물겨자냉채

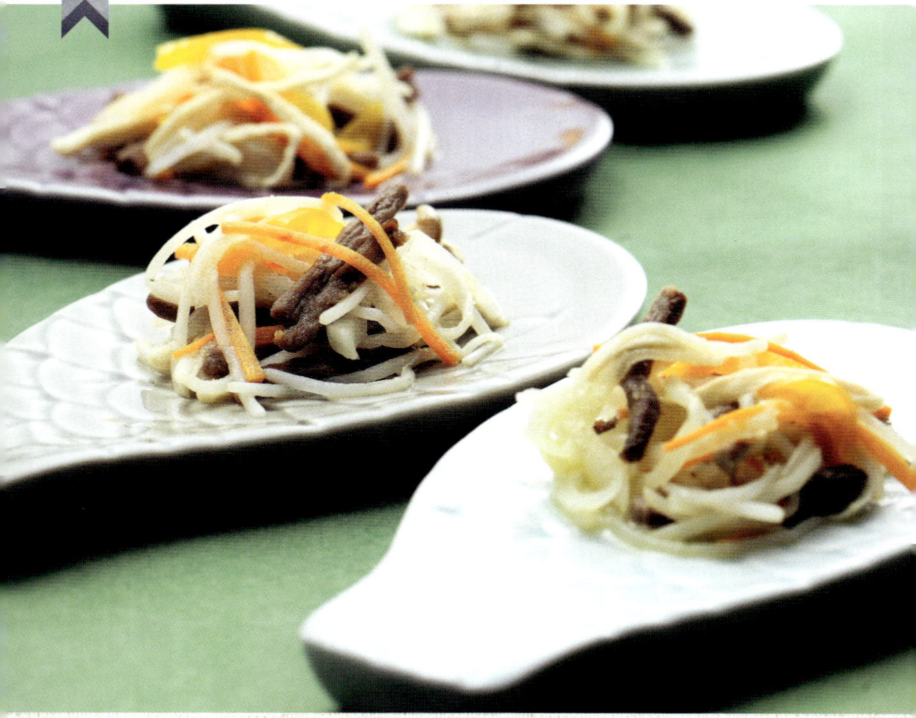

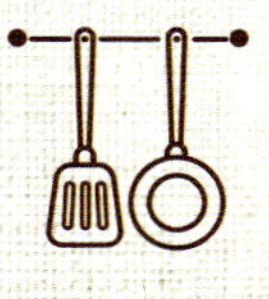

1인분

총열량 131kcal

총가열시간 20분

총조리시간 60분

주요요리도구 프라이팬

머쉬마루

재료 콩나물 30g, 머쉬마루 30g, 쇠고기 15g, 양파 10g, 피망 10g, 당근 5g, 식용유 2.5mL, 소금 0.5g

쇠고기 양념 간장 2mL, 설탕 1g, 참기름 1mL, 후춧가루 0.1g

겨자 소스 설탕 10g, 식초 10mL, 배즙 10mL, 연겨지 3.5g, 다진 마늘 1.5g, 소금 1g

—

만드는 법

1 콩나물은 머리와 꼬리를 제거하고 끓는 물에 소금을 넣고 살짝 데친 후에 냉장고에 넣어 차게 식힌다.

2 머쉬마루는 밑동을 자르고 끓는 물에 소금을 넣고 살짝 데친 다음 가늘게 찢는다.

3 양파는 가늘게 채 썰어 달군 팬에 기름을 두르고 살짝 볶는다.

4 당근과 피망은 각각 5㎝ 길이로 채 썰어 팬에 기름을 두르고 살짝 볶는다.

5 쇠고기는 5㎝ 길이로 채 썰어 간장, 설탕, 후춧가루, 참기름으로 간하여 볶는다.

6 분량의 재료를 섞어 겨자 소스를 만든다.

7 큰 볼에 준비한 재료를 넣고 겨자 소스를 먹기 직전에 버무려 낸다.

쇠고기는 채 썰기 번거로우면 다진 쇠고기를 사용해도 좋다. 콩나물은 다듬기 번거로우면 꼬리만 다듬어 깨끗이 씻은 후에 사용한다.

머쉬마루김무침

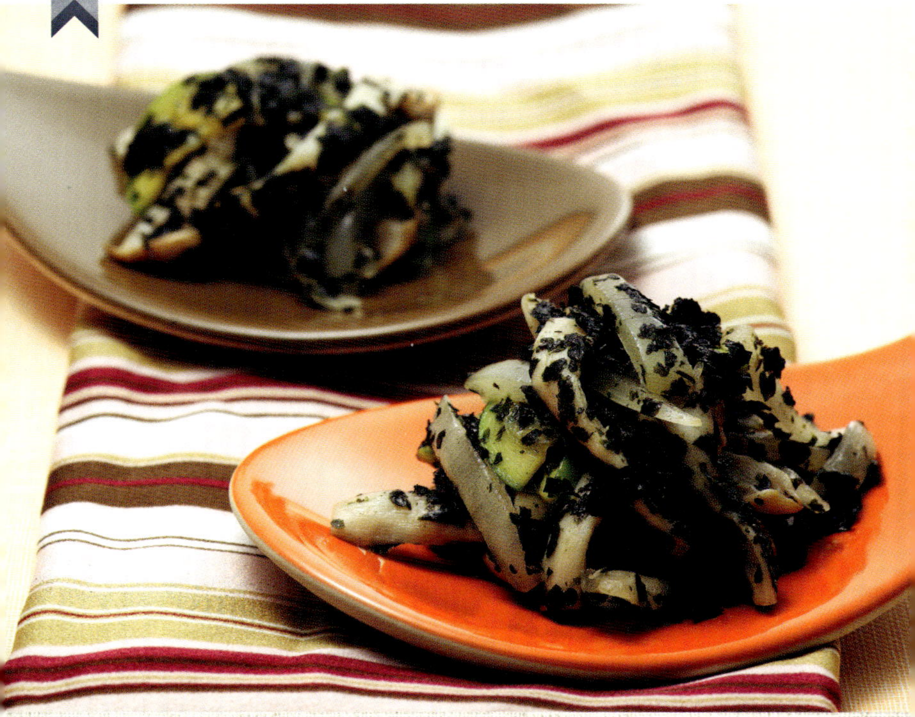

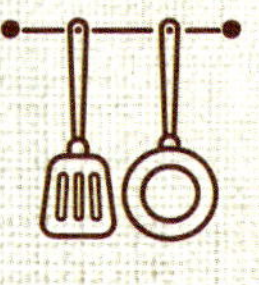

1인분

총열량 65kcal

총가열시간 15분

총조리시간 30분

주요요리도구 냄비

머쉬마루

 머쉬마루 30g, 애호박 10g, 양파 10g, 마른 김 3g, 참기름 5mL, 국간장 3mL, 소금 0.5g, 통깨 0.5g

만드는 법

1 머쉬마루는 밑동을 자른 후에 끓는 물에 소금을 넣고 살짝 데친 다음 찬물에 헹궈 물기를 꼭 짠다.

2 1의 머쉬마루를 칼등으로 자근자근 두드려 부드럽게 한다.

3 애호박은 반으로 잘라 0.3㎝ 두께로 썬 후에 달군 프라이팬에 참기름을 두르고 소금으로 간하여 볶는다.

4 양파는 굵게 채 썰어 달군 프라이팬에 참기름을 두르고 소금으로 간하여 볶는다.

5 김은 달군 팬에 앞뒤로 바삭하게 구운 후 비닐봉지에 넣어 잘게 부순다.

6 큰 볼에 머쉬마루, 애호박, 양파를 담고 참기름, 국간장, 소금을 넣어 조물조물 무친 후에 부순 김을 넣어 맛을 더한다. 그릇에 담고 통깨를 뿌려 낸다.

케이준머쉬마루치킨샐러드

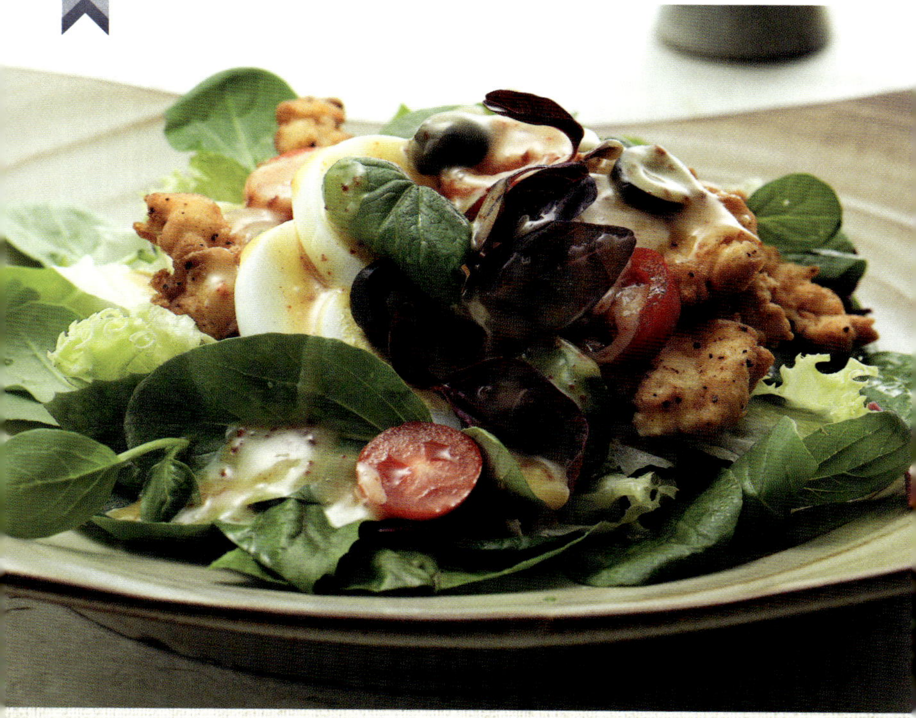

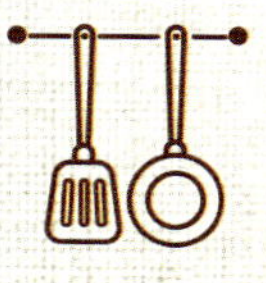

		1인분
총열량	379kcal	
총가열시간	25분	
총조리시간	50분	
주요요리도구	튀김솥	

머쉬마루

재료 닭가슴살 25g, 머쉬마루 20g, 삶은 달걀 15g, 양상추 10g, 로메인 10g, 방울토마토 5g, 치커리 3g, 비타민 3g, 블랙 올리브 2g, 소금 0.5g, 후춧가루 0.1g, 식용유 50mL

튀김가루 밀가루 130g, 고춧가루 3g, 소금 1g, 흰 후춧가루 0.4g

튀김 반죽 튀김가루 100g, 우유 100mL, 달걀 15g

허니머스타드 드레싱 마요네즈 20mL, 꿀 5mL, 시럽 5mL, 머스타드 3mL, 고운 고춧가루 0.5g, 식초 1.5mL

—

만드는 법

1 닭가슴살은 얇고 길게 잘라 소금과 후춧가루로 20분 정도 밑간한다.

2 머쉬마루는 밑동을 자른 후에 굵은 것을 반으로 자른다.

3 양상추, 로메인, 치커리, 비타민 등 샐러드용 채소는 깨끗이 씻어 찬물에 담갔다가 체에 받쳐 물기를 뺀다.

4 방울토마토는 반으로 자르고, 블랙 올리브와 삶은 달걀은 동그랗게 썬다.

5 큰 볼에 마요네즈를 제외한 허니머스타드 드레싱 재료를 넣고 거품기로 섞은 후에 마요네즈를 조금씩 넣어가며 섞어 준다.

6 큰 볼에 밀가루, 고춧가루, 소금, 흰 후춧가루를 잘 섞어 튀김가루를 만들고 다른 볼에 튀김가루와, 우유, 달걀을 넣고 튀김 반죽을 만든다.

7 닭가슴살과 머쉬마루를 튀김가루, 튀김 반죽, 튀김가루 순서로 입혀 170℃ 기름에서 노릇하게 튀겨 낸다.

8 접시에 샐러드용 채소를 담고 방울토마토, 올리브, 삶은 달걀 등을 접시 바깥쪽에 놓는다. 케이준프라이드치킨과 머쉬마루 튀긴 것을 샐러드 위에 얹고 허니머스타드 드레싱은 따로 담아낸다.

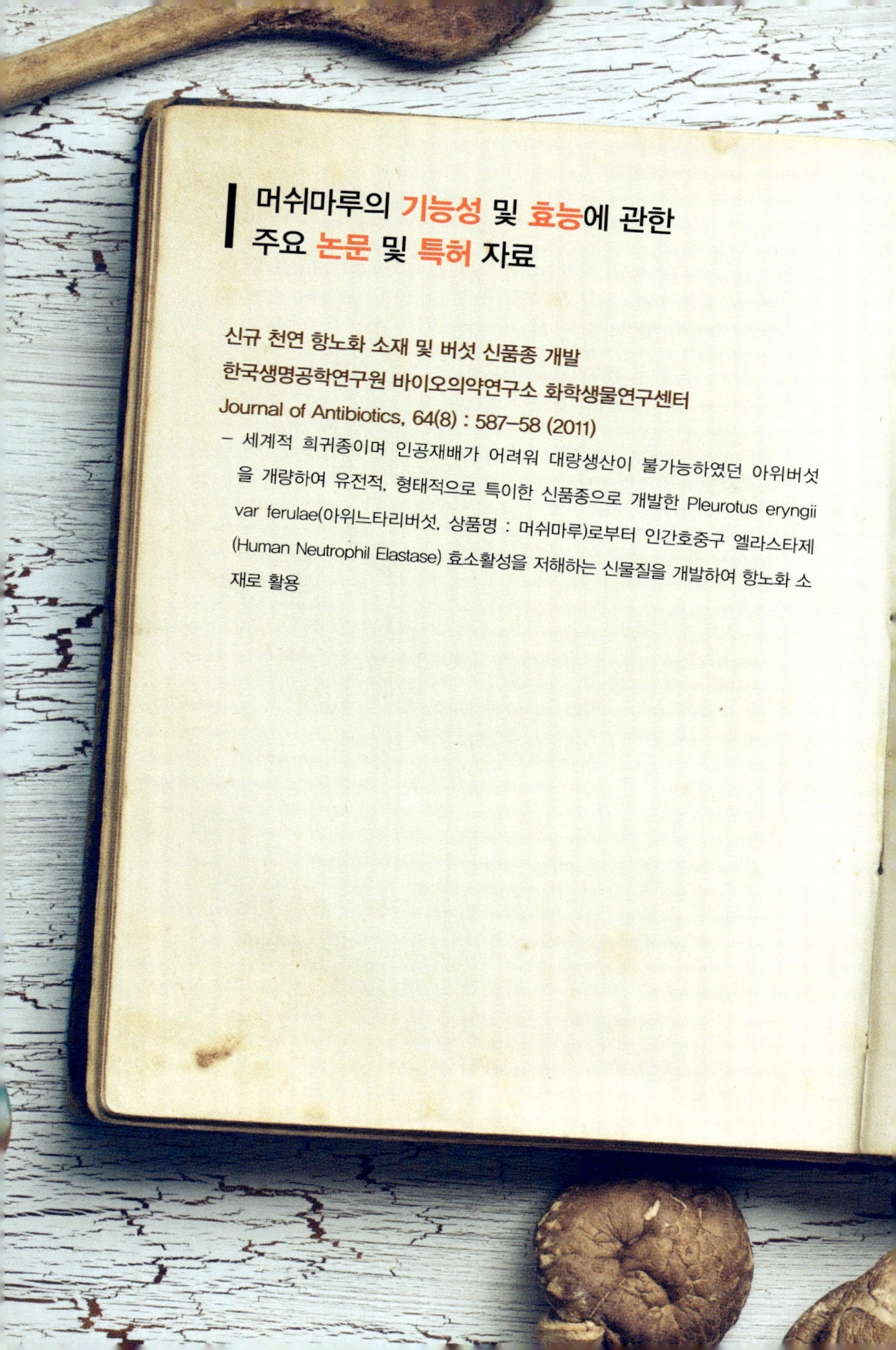

머쉬마루의 기능성 및 효능에 관한 주요 논문 및 특허 자료

신규 천연 항노화 소재 및 버섯 신품종 개발
한국생명공학연구원 바이오의약연구소 화학생물연구센터
Journal of Antibiotics, 64(8) : 587–58 (2011)

- 세계적 희귀종이며 인공재배가 어려워 대량생산이 불가능하였던 아위버섯
  을 개량하여 유전적, 형태적으로 특이한 신품종으로 개발한 Pleurotus eryngii
  var ferulae(아위느타리버섯, 상품명 : 머쉬마루)로부터 인간호중구 엘라스타제
  (Human Neutrophil Elastase) 효소활성을 저해하는 신물질을 개발하여 항노화 소
  재로 활용

참고문헌

1.『표고버섯 새로운 재배와 경영』농민신문사, 1995

2.『버섯 성공적인 경영기법』농민신문사, 1999

3.『버섯의 모든 것』경기도 농업기술원 버섯연구소, 2003

4. 『표준영농교본 느타리버섯』 농촌진흥청, 2004

5. 『행복한 버섯요리』 문예마당, 2006

6. 『버섯학』 자연과 사람, 2010

7. 『신비로운 19가지 버섯이야기』 농촌진흥청, 2011

8. 『야생버섯 백과사전』 푸른행복, 2013